Assessing Impact of Middle Route of
Water Diversion Project on Agricultural Water
in Han River Basin

中线调水对汉江流域农业用水影响评估研究

张玲玲　车　力　王宗志◎著

河海大学出版社
HOHAI UNIVERSITY PRESS
·南京·

内容提要

为科学评估调水工程对农业用水的影响,本研究选取汉江流域中下游为研究区域,从调水对粮食用水影响、调水对农业用水效率影响、调水前后水粮耦合关系三个方面展开研究。首先,基于作物供需水分析研究调水对粮食生产的水量损失,通过情景设计找出影响的"关键点";利用水分生产函数模型,将缺水情景下的粮食生产损失水量量化为经济损失,提出针对性的补偿政策。其次,基于 DEA 模型测算农业用水效率,并在此基础上利用 Tobit 模型分析调水对农业用水效率的影响。最后,构架评价指标体系和四象限模型量化中线调水前后流域农业用水安全与粮食生产能力指数变化及时空演化特征,构建耦合协调发展模型并识别出主要障碍因子,推进调水背景下水粮关系的协调发展。研究的大规模调水工程对农业用水影响评估的理论和方法为跨流域调水影响评估与区域间协调可持续发展提供理论和实践支撑。

图书在版编目(ＣＩＰ)数据

中线调水对汉江流域农业用水影响评估研究 / 张玲
玲,车力,王宗志著. －－ 南京：河海大学出版社,
2023.12
　　ISBN 978-7-5630-8849-2

　　Ⅰ．①中… 　Ⅱ．①张… ②车… ③王… 　Ⅲ．①调水工
程－影响－汉水－流域－农田水利－用水量 　Ⅳ.
①TU991.31

　　中国国家版本馆 CIP 数据核字(2023)第 256971 号

书　　名	中线调水对汉江流域农业用水影响评估研究	
	ZHONGXIAN DIAOSHUI DUI HANJIANG LIUYU NONGYE YONGSHUI YINGXIANG PINGGU YANJIU	
书　　号	ISBN 978-7-5630-8849-2	
责任编辑	周　贤	
特约校对	吴媛媛	
封面设计	徐娟娟	
出版发行	河海大学出版社	
地　　址	南京市西康路 1 号(邮编:210098)	
电　　话	(025)83737852(总编室)　(025)83722833(营销部)	
	(025)83787157(编辑室)	
经　　销	江苏省新华发行集团有限公司	
排　　版	南京布克文化发展有限公司	
印　　刷	广东虎彩云印刷有限公司	
开　　本	718 毫米×1000 毫米　1/16	
印　　张	11.75	
字　　数	204 千字	
版　　次	2023 年 12 月第 1 版	
印　　次	2023 年 12 月第 1 次印刷	
定　　价	77.00 元	

前　言

南水北调工程作为国家水网主骨架、大动脉，是优化我国水资源配置、保障国家水安全的重大战略性基础设施，新时期国家发展战略、生态文明建设与经济社会高质量发展对南水北调工程建设与发展提出了更高要求。调水工程的运行管理不仅要协调好来水丰枯随机性与需求不确定性之间的关系，还要协调好受水区需水与取水区经济社会发展和生态环境用水之间的竞争关系，更要协调好当前发展和未来需求的关系。汉江是长江最大的支流，中游丹江口水库是南水北调中线工程的水源地，下游江汉平原是湖北省重要的经济走廊。水源区丹江口水库上游水源有限且来水存在不确定性，使得南水北调中线工程存在供水水源不足的风险，在极端来水条件下可能难以支撑中下游生产生活与调水的双重需求。

汉江流域中下游是我国中部粮食生产核心区，也是保障粮食安全的重点区域，流域内的农业生产、农副产品加工、特色农业经济等在全国农业发展格局中占有重要地位。水是农业生产的基础性、关键性、战略性资源，农业生产离不开水资源的有效供给。中线调水使得丹江口水库下泄水量减少随之影响汉江流域中下游地表径流，同时随着经济社会发展与水生态环境标准提高，中下游地区用水需求已较中线一期论证时发生较大变化，工业、生活、生态等用水量大幅增加。在这样的背景下有许多问题亟须回答，例如，南水北调中线调水后对汉江流域水资源供给保障程度如何？调水规模扩大与极端枯水年份是否会加剧农业用水缺水风险？应如何通过情景设计找到其影响的关键点？是否会因调水后水资源紧缺而提高当地农业用水效率？调水前后区域内水粮耦合关系又会发生何种变化？为寻求这些问题的答案，团队长期投入中线调水对汉江流域农业用水影响的相关研究工作。

本书选取了受中线调水工程影响较大的汉江流域中下游作为研究区域，探究大型调水工程作为外生力量在运行过程中对水源区中下游农业用水造成的可能影响，以及未来应如何规避其负面影响，将这种外生力量的冲击转化为内源发展的动力，实现调水工程平稳运行和粮食产能综合提升的目标。为此，书中从调水对农业用水影响的视角构建了"调水—粮食用水""调水—农业用水效率""调水—水粮耦合关系"三条传导路径展开分析,并从中央政府、受水区和水源区以及中下游地区各层级众多利益相关者层面提出了因地制宜、具有可操作性的对策建议,共计四篇,分十二章。第一篇基础篇包括研究背景、文献述评、基本概念和影响机制,第二篇调水对粮食用水影响,第三篇调水对农业用水效率的影响,第四篇调水前后水粮耦合关系评估。书中阐述了作物供需水模型、水分生产函数模型的建立过程,揭示调水对粮食用水影响的传导机制;设计了多因素组合下的调水情景,找到对粮食用水造成影响的"关键点";测度了流域内农业用水效率的变化情况,利用 Tobit 模型探寻调水对农业用水效率的影响;评估了调水工程运行前后流域内水粮关系耦合协调状态并识别主要障碍因子,为未来气候变化和社会经济发展背景下水资源调度和农业用水政策制定及决策提供重要信息,供从事水资源管理、水利经济、农业水政策、管理科学与工程专业的科研、教学和管理人员参考使用。

感谢国家自然科学基金项目(72074068、U2240223)和河海大学社科文库出版项目(B230207025)的资助。在编写过程中,河海大学孙林、张燕在第七章农业用水效率测算中给予了支持,同时参考了大量的相关文献以及汉江流域关于水资源研究的相关成果,在此对相关的研究单位和作者表示感谢。书中难免有不足之处,敬请读者批评指正。

目　录

第一篇　基础篇

第二篇　调水对粮食用水影响

第三篇 调水对农业用水效率影响

第四篇 调水前后水粮关系评估

第一篇 基础篇

▶▶

南水北调工程是当前全球最大的调水工程，实现了我国水资源二次分配的伟大构想。其中，南水北调中线一期工程设计从汉江流域丹江口水库每年调水 95 亿 m^3 进入华北平原，已于 2014 年 12 月 12 日正式通水试运行。中线工程运行后能否在调出设计水量情况下仍满足汉江流域中下游的生产、生活需水？调水将对汉江流域中下游农业用水造成何种影响？研究上述问题有助于科学评估中线工程对汉江农业生产的影响，同时可为后续中线工程的合理管理及调水优化配置提供理论基础。基础篇对本书的研究背景、相关文献和基本概念进行了介绍，并从"调水—粮食用水""调水—农业用水效率""调水—水粮耦合关系"这三条路径展开调水对农业用水影响的传导机制研究。

第一章　绪论

1.1　研究背景及意义

1.1.1　研究背景

我国人均水资源拥有量只有 2 100 m³，为世界人均水平的 28%，是一个严重贫水的国家。水资源短缺已成为制约我国经济社会发展的瓶颈，据统计，全国年平均缺水量 500 多亿 m³，三分之二的城市存在不同程度的缺水问题。同时，由于水资源分配与人口和土地资源在地区间不匹配，进一步加剧了水资源短缺。从人口和水资源分布统计数据可以看出，我国水资源南北分配的差异非常明显。长江流域及其以南地区人口占了我国总人口的 54%，但水资源却占了 81%；北方人口占 46%，水资源只占 19%；而且与土地资源分布不相匹配，南方水多、土地少，北方水少、土地多。为了解决水资源供需空间不匹配的问题，我国修建了南水北调工程，每年从长江流域向华北地区输送水量约 40~50 km³。大规模调水对水源区粮食生产的影响不仅是学术界的热点问题，也日益成为公众关心的社会问题。

南水北调中线工程是在考虑区域自然条件、来水规模和汉江及唐白河流域内水资源供需矛盾的基础上，实施从汉江丹江口水库引水供给华北地区的战略性工程，以水资源的优化配置支持北方缺水地区经济社会的可持续发展。中线工程衔接我国长江经济带发展战略和京津冀协同发展战略，对中西部的均衡发展有巨大的促进作用。根据南水北调中线工程建设方案，第一期工程调水量为 95 亿 m³，第二期工程调水量为 130 亿 m³，第三期工程调水量为 145 亿 m³。多年平均可调出水量为 141.4 亿 m³，一般枯水年（保证率 75%）可调出水量约 110 亿 m³。

汉江起源于秦岭山地，是长江最长的支流，全长约 1 570 km，流域面积为 15.91 万 km²，自西北至东南流经武汉注入长江。汉江主要流经陕西、河南、湖北三省,是陕西南部、湖北的经济核心地带,也是我国经济承南启北、连接东西的中部枢纽,且是我国南水北调中线工程的水源区,其战略地位极为重要。汉江流域农业发展较早,是连接中西部地区的重要粮食主产区。水是粮食生产的命脉,农业是最主要的用水部门,其消耗了总用水量的70%。近些年,汉江流域由于人口的剧增和工业化进程加快以及资源环境刚性约束的增强,农业用水被生活、工业和生态用水大量挤占。汉江流域是我国首批最严格水资源管理制度的试点流域,南水北调中线工程在缓解受水区水资源紧缺的同时也给水源区带来了水资源压力,如何在调水的同时让汉江流域更加合理地利用水资源以保障粮食安全,实现水—粮食—经济的协调可持续发展是亟须解决的关键科学问题。

1.1.2 研究意义

1.1.2.1 理论意义

跨流域调水是一种通过修建水利工程,将水资源丰富地区的水调到水资源匮乏地区,以满足受水区生产和生活用水需求的重要措施。虽然跨流域调水的基本原则是保证水源区用水不受影响,但在降雨极端条件和用水变化场景下跨流域调水工程在实施过程中,可能会对社会经济和生态环境等方面产生一定的影响。按照用水的优先顺序,农业用水优先次序较低,南水北调中线工程在缓解受水区水资源紧张的同时,也可能对水源区中下游农业用水安全产生影响。调水在什么条件下会对农业用水产生影响?影响有多大?需要从哪些尺度衡量?这一系列问题的解答需要我们在把问题事实梳理清楚的基础上,研究大规模调水工程对农业用水影响评估的理论和方法。

开展调水对流域中下游农业用水的评估一方面有助于全面掌握农业用水的变化情况,研判南水北调工程中线调水对汉江流域中下游农业用水可能产生影响的情景,更加及时、全面、准确地揭示调水影响的短板和问题;另一方面有助于提出针对性的对策措施,为更好地贯彻落实"节水优先、空间均衡、系统治理、两手发力"的治水思路、推进用水效率提高、全面深化水利改革与区域间协调可持续发展提供支撑。

1.1.2.2 实践意义

随着城镇化、工业化不断深化,粮食供需矛盾日益凸显。汉江流域中下游依托优越的地理区位和自然条件,使得该地区成为湖北省甚至全国的"重要粮仓"。水资源是粮食生产的重要投入要素之一,南水北调中线调水会对汉江中下游水量产生影响,进而影响到农业用水。为此,本研究从三个角度开展调水对汉江流域中下游农业用水影响评估:一是从粮食用水量的角度,在对汉江流域中下游粮食灌溉供需水分析的基础上,通过调水对作物灌溉可供水损失量的研究,计算不同降水情景和不同调水规模下汉江流域中下游各县市因调水后不充分灌溉导致的作物生产经济损失;二是从农业用水效率的角度,在测算汉江流域中下游农业用水效率的基础上,构建 Tobit 模型探究调水对农业用水效率的影响;三是从农业用水安全角度,在构建农业用水安全指标体系的基础上,评估调水前后汉江流域中下游农业用水安全及粮食生产能力耦合协调情况。

因此,开展南水北调中线工程对汉江流域中下游农业用水的影响评估对于确保工程的可持续和区域间社会经济、生态环境协调发展具有重要理论意义和实践价值。

1.2　国内外文献述评

1.2.1　跨流域调水工程影响

关于跨流域调水工程影响相关研究主要集中在跨流域调水工程对水资源、水量、水质的影响以及调水工程生态补偿机制研究等方面。

1.2.1.1　跨流域调水工程影响的相关研究

关于跨流域调水工程的相关影响研究,主要集中于调水前后水源区受影响范围内水文、水质、土壤、水生物等自然条件变化和对防洪、灌溉、航运、供水、移民等社会经济影响两方面开展综合研究,包括对水源地生态环境的影响、对水源区的生态补偿、取水地的可持续发展及生物多样性研究、地表径流变化及对取水地水文水质的影响。通过实例开展了大型调水工程对环境影响的理论分析、模型构建,对跨流域调水后的水市场建立和政策制定展开了有益探索,论述了如何在水资源转移过程中公平对待水权、平衡各方利益、应对转移过程中产生的环境问题。南水北调这项"中国宏伟水计划"也逐步引起世界学者的关注,有学者对该项目进行了全面的回顾[①],也有学者对其运行的合理性与可持续性表示质

---

① CHEN X Q, ZHANG D Z, ZHANG E F. The South to North Water Diversions in China:Review and Comments[J]. Journal of Environmental Planning and Management,2002,45(6):927-932.

疑[①]，还有学者就调水后水质、土壤、生态等特定方面的时空变化展开专门研究。

跨流域调水的相关影响研究也逐渐从单一视角切入拓展到社会、经济、生态全领域。俞澄生[②]通过分析调水工程与社会发展的关系，指出在调水工程经济评价中，要充分关注社会、经济和生态环境各方面产生的宏观效益，关注工程运行过程中对水源地及中下游地区产生的负面影响，采取切实可行的补偿措施，补偿受损群体的利益。其中，南水北调工程对汉江流域水环境影响的研究主要集中在以下几方面：(1) 对水环境的综合影响。从环境正义视角分析跨流域调水公正问题[③]，南水北调中线工程对汉江流域中下游生态环境的影响[④]。(2) 对水量的影响研究。主要研究干枯季节水位变化、水量平衡、工程调节及气候变化条件下对流域水量变化的影响。目前，学者已开展的研究包括调水对汉江水文情势变化的影响[⑤]、调水对汉江流域中下游可供水量的影响、调水工程沿线的生态需水平衡分析[⑥]、规划建设的补偿工程对供水区的影响以及调水对汉江流域中下游城市和农业用水的影响。(3) 对水质、水生态的影响研究。通过观测点源、面源污染和水体富营养化程度，利用水质监测资料构建数学模型，研究调水对水污染和流域管理的相关影响，代表性成果有对调水前后汉江水质时空变化影响分析[⑦]、中线工程对汉江中下游的水质影响和水污染控制仿真研究[⑧]、对襄樊市(今襄阳市)生态环境影响[⑨]、中下游水质时空变化及污染等级推估[⑩]等，该

① BERKOFF J. China: The South-North Water Transfer Project—Is it justified? [J]. Water Policy，2003,5(1):1-28.

② 俞澄生.南水北调的资源、环境和社会效应[J].长江流域资源与环境，1994(3):265-270.

③ 王泽琳，张如良，吴欢.跨流域调水的公正问题——基于环境正义的分析视角[J].中国环境管理，2019,11(2):101-105.

④ 高永年，高俊峰.南水北调中线工程对汉江中下游流域生态环境影响的综合评价[J].地理科学进展，2010,29(1):59-64.

⑤ 朱烨，李杰，潘红忠.南水北调中线调水对汉江中下游水文情势的影响[J].人民长江，2019,50(1):79-83.

⑥ 王中敏，刘金珍，刘扬扬，等.引调水工程对汉江中下游生态环境的累积叠加影响研究[J].中国农村水利水电，2018(3):29-32+36.

⑦ 陈浩，靖争，倪智伟，等.基于主成分-聚类分析的南水北调中线干渠水质时空分异规律[J].长江科学院院报，2022,39(7):36-44.

⑧ 陈君.南水北调中线工程对汉江中下游的水质影响[D].武汉:武汉大学，2005.

⑨ 张中旺，李长安，胡立山.南水北调对汉江中游襄樊市生态环境影响研究[J].华中师范大学学报(自然科学版)，2006,40(1):119-123.

⑩ 刘文文.中线工程运行下汉江中下游水质时空变异性研究及污染等级推估[D].北京:中国地质大学，2019.

类研究目的多在于最终构建调水后流域内水污染防治管理体系[①]。

1.2.1.2　跨流域调水补偿机制研究

工程建设和运行不仅需要先进技术，而且需要建立起配套的利益补偿机制，以消除对水源区和受影响区的不利影响，保障水源区及其中下游地区的可持续发展。针对跨流域调水的补偿机制构建，现有研究主要集中在：（1）从理论层面和框架结构上探讨跨流域补偿的内涵，对补偿的理论基础、原则、类型、标准、机制与政策设计展开丰富讨论。（2）从外部性原理角度探讨通过对损害（或保护）资源环境的行为收费（或补偿），从而激励行为主体减少（或增加）外部不经济性（或外部经济性）行为。（3）从制度设计的角度指出补偿是调动水资源节约积极性、提高水资源利用率的制度安排。作为一项经济制度，跨流域调水补偿机制旨在实现区域内和区域间的均衡协调发展，通过经济、政策和市场手段促进水资源的持续利用，解决区域经济社会发展中水资源存量、增量和发展不均衡的问题。（4）从法学角度论证调水补偿本质上为资源有偿使用制度，是用水者或者生态受益方在使用水资源的过程中，向自然资源所有权人或者生态保护有偿使用者支付相应款项的法律制度规范。

当前，国内外对跨流域调水补偿的探讨主要集中于生态补偿，学者们从理论基础、补偿标准等角度开展多方面研究，运用数量经济学相关技术手段对补偿标准进行测算，对支付意愿进行调研。研究内容主要集中在以下几方面：一是补偿的内涵界定和理论基础。早期学者运用公共产品理论和外部性理论对生态补偿问题进行分析，"庇古税"理论和产权理论则为解决外部性提供了思路。目前，生态系统服务的公共物品理论、外部性和价值理论已成为流域生态补偿分析常用的理论基础。二是生态补偿主客体研究。有学者认为，明确界定环境服务提供者和最低保护成本是确定赔偿主客体的基础，Engel 等[②]将补偿主体对象界定为政府；Clements 等[③]认为对个人进行直接补偿更有效率，但不利于环保宣传，而对集体进行补偿效果则恰恰相反。三是如何设定合理的补偿标准，这也是补偿行为是否得以落实的核心因素。流域生态补偿标准的量化基

　　① 周晨，丁晓辉，李国平，等. 南水北调中线工程水源区生态补偿标准研究——以生态系统服务价值为视角[J]. 资源科学，2015，37（4）：792-804.

　　② ENGEL S, PAGIOLA S, WUNDER S. Designing payments for environmental services in theory and practice: An overview of the issues[J]. Ecological Economics, 2008, 65(4): 663-674.

　　③ CLEMENTS T, JOHN A, NIELSEN K, et al. Payments for biodiversity conservation in the context of weak institutions: Comparison of three programs from Cambodia[J]. Ecological Economics, 2010, 69(6):1283-1291.

准主要是流域生态服务价值和生态建设的成本。1997年,Constanza等[1]首次对生态系统服务的全球价值进行了测算,此后生态系统量化研究方法陆续登场,为生态补偿研究奠定了基础。目前,多数学者将资源提供者丧失的机会成本视为基础来制定生态补偿标准,也有学者通过研究证实补偿标准的制定应略高于估算出的机会成本。四是补偿模式研究。政府支付和市场化补偿是国外当前最普遍的两类补偿模式,学者们通过对两者优缺点的分析,认为补偿模式的选择是由政治制度和经济水平共同决定的。五是补偿评价研究,即补偿是否达成预定目标、补偿方式是否高效。

建立一套合理、完善的生态补偿机制已成为必然趋势,但目前我国还没有形成统一的补偿标准以供直接应用。国内学者就生态补偿进行了一系列研究,首先是补偿内涵的定义与依据。有学者从制度层面对生态补偿进行了界定,认为生态补偿是在保护生态系统服务价值外部性的前提下,通过适当手段调节各方利益的一种制度安排[2];也有学者从生态补偿的措施、目的和范围等方面对概念进行界定。其次是补偿主客体的确定和模式的选择。孙开等[3]从主体与客体利益关系的角度出发,认为生态补偿参与主体主要包括破坏者和受益者两类,根据政府、企业和居民在各级保护、供给和使用中的地位,以及责任和权利的关系确定补偿主体,再以提供建设保护和生态恢复两种服务为依据确定补偿客体。再次是补偿标准的研究。学者们通常通过核算受损方生态服务价值和机会成本、受益方支付意愿,将物质流账户、灰色系统理论等方法作为补偿标准制定的常用方法,对水源地居民、企业、政府等主体受损情况进行核算;对补偿模式的选择,学者们研究发现,由政府主导的生态补偿是我国应用最广泛的模式,其优点是降低不确定性和交易成本,但单纯依靠政府的作用有其弊端,"一刀切"模式使得资源配置效率低下,而市场的加入可以有效改善这一情况,因此,应根据各地的具体情景综合考虑,确定适用于本地区的补偿模式。最后是对实施补偿后效果的评估。要重点关注补偿实施后,利益受损区环境、经济、社会方面的改善情况,多位学者用实证分析验证了生态补

① COSTANZA R, ARGE A R, GROOT R D, et al. The value of the world's ecosystem services and natural capital[J]. Ecological Economics,1998,25(1):3-15.

② 黎元生.基于生命共同体的流域生态补偿机制改革——以闽江流域为例[J].中国行政管理,2019(3):93-98.

③ 孙开,孙琳.流域生态补偿机制的标准设计与转移支付安排——基于资金供给视角的分析[J].财贸经济,2015(12):118-128.

偿措施实施后对当地环境改善呈积极影响,但也有学者发现实施生态补偿政策后黄山市的生产总值有所下降,主要原因是第二产业产值下降远高于第三产业产值增长,其经济缺口无法在短期内弥补;还有学者针对生态补偿对不同人群的受益程度开展研究,研究表明,补偿后农户收入增幅最为显著,这使得农民环保意识和维权意识显著提升①。

粮食生产补偿也是近年来备受关注的重要领域。粮食产区是国内粮食生产的重要主体,承担着保障国家粮食安全的重大责任,但粮食主产省份多是经济社会发展相对缓慢的欠发达地区,一直面临着"粮食大省、经济弱省"的困局,且产区内粮食生产与地方经济发展、财政收入、农民增收、工业化和城镇化进程等的突出矛盾日益影响农民的种粮积极性;粮食生产的高投入和低利润属性也影响着粮食主产区经济的可持续发展能力。国家于2013年正式提出完善粮食主产区利益补偿,汉江流域作为我国粮食主产区之一,理应更加重视调水对粮食生产的补偿机制构建。为统筹粮食安全涉及的各主体之间的利益关系,弥补粮食主产区利益损失,一些学者已经开始通过当量因子、条件价值、选择试验等方法探索补偿标准的量化,以粮食主产区耕地补偿为例,估算出于保障粮食安全政策的限制,耕地不能转化为其他高收益用途而造成的收入损失②。政府、补偿给付者和补偿接受者是粮食生产利益的参与者,政府是粮食安全的守护者、农地保护的倡导者,应以政府主导的补偿方式为主,采用政策补偿、实物补偿、经济补偿、智力补偿等多种形式,同时引入省市间横向补偿,有利于提高资源配置效率。当前,粮食生产补偿正从政府主导向三方协商的利益协同机制转变,以农民作为补偿接受者主体对象。

在南水北调中线工程汉江流域水源保护区生态补偿方面,采用支付意愿方法测算了支付意愿上下限③,提出以水资源补偿为核心的多元化生态补偿机制④;分析了南水北调水资源调配中不同层次利益主体及其区域利益关系的变

①　卢文秀,吴方卫.生态补偿能够促进农民增收吗——基于2008—2019年新安江流域试点的经验数据[J].农业技术经济,2023(11):4-18.

②　吴泽斌,刘卫东.基于粮食安全的耕地保护区域经济补偿标准测算[J].自然资源学报,2009,24(12):2076-2086.

③　YANG L,LIU M C,MIN Q W. et al. Transverse eco-compensation standards for water conservation:A case study of the middle route project of South-to-North Water Diversion in China[J]. Journal of Resources and Ecology,2018,9(4):395-406.

④　江中文.南水北调中线工程汉江流域水源保护区生态补偿标准与机制研究[D].西安:西安建筑科技大学,2008.

化,旨在加强受水区和调水区之间的合作①;设计了跨流域生态补偿的"汉江模式"②,研制了汉江水源地生态补偿模式核算标准与分配模型③。以南水北调中线陕西水源区为研究对象,分析陕西水源区保护生态环境与生存权、发展权的矛盾,明确了生态补偿的思路、客体、主体,计算分析了陕西水源区的水土保持生态补偿标准及受水区与水源区之间的补偿资金的分摊比例④。基于南水北调中线工程水源地生态补偿的必要性,以陕西商洛地区为例,研究了水源地保护和补偿工作的总体思路、补偿主体和客体,从水源地保护补偿、扶贫开发项目补偿、产业结构调整补偿等三个方面研究了生态补偿的具体内容和途径⑤。从生态补偿工程建设成本和直接经济损失的角度出发,综合总成本修正模型和机会成本法的优点,引入了经济红利效应、生态改善效应、水质判定系数来修正补偿金额,并重新定义了水量判断系数的概念,以此来估算南水北调中线工程受水区对汉江流域水源地——汉中市的生态补偿资金,其研究表明受水区每年应向汉中市支付 482.08 亿元作为生态补偿资金⑥。

1.2.2 农业用水效率及影响因素

用水效率是衡量水资源开发利用和管理效果的重要指标。农业用水效率是指在农业生产过程中水资源投入与其产出之间的比值。在水资源短缺和粮食安全的背景下,农业用水的高效利用是国民经济和社会发展的重要保障,提高农业用水效率是一项长期而系统的工作。

1.2.2.1 农业用水效率的测算方法

目前,关于农业用水效率的研究主要遵循以下脉络:一是单要素农业

---

① 关爱萍.跨区水资源调配与区域利益关系分析——以南水北调中线工程为例[J].水利经济,2011,29(1):1-5.

② 彭智敏,张斌.汉江模式:跨流域生态补偿新机制——南水北调中线工程对汉江中下游生态环境影响及生态补偿政策研究[M].北京:光明日报出版社,2011.

③ 胡仪元.流域生态补偿模式、核算标准与分配模型研究——以汉江水源地生态补偿为例[M].北京:人民出版社,2016.

④ 李怀恩,谢元博,史淑娟,等.基于防护成本法的水源区生态补偿量研究——以南水北调中线工程水源区为例[J].西北大学学报(自然科学版),2009,39(5):875-878.

⑤ 朱记伟,解建仓,刘建林,等. 南水北调中线工程水源地生态补偿研究——以陕西商洛为例[C]//Proceedings of International Conference on Engineering and Business Management 2010(EBM 2010),2010:3617-3620.

⑥ 唐萍萍,胡仪元.南水北调中线工程汉江水源地生态补偿计量模型构建[J].统计与决策,2015(16):42-45.

用水效率研究。单要素用水效率评价所选取的指标主要包括灌溉水生产率[①]、农田亩均灌溉用水量[②]和作物水分生产率[③]等。通过单要素评估，可以计算出投入要素与实际产出的比值。范群芳等[④]通过作物水分生产函数求得灌溉水生产效率，黄和平等[⑤]分析常州地区物质投入产出时，用物质流分析方法分析水资源投入趋势及在农业中的利用情况。二是全要素农业用水效率研究。在给定产出和其他投入水平的情况下，农业用水效率等于技术上可行的最小水资源施用量与实际使用数量之比。与单要素评价相比较，它将生产活动中除水资源以外的多种要素纳入了效率测算[⑥]。有学者通过构建方向性距离函数测算了工业全要素水资源效率[⑦]，也有学者基于全要素分析框架并结合 SFA 模型构建 Shephard 水资源距离函数测度了我国近 15 年来的全要素水资源利用效率[⑧]。

全要素用水效率的测算方法主要分为参数法和非参数法两类。其中，参数法的典型代表是随机前沿分析（Stochastic Frontier Analysis，SFA），它以一个特定的函数为基础，将其参数与实际产出进行比较以获得准确的结果。就 SFA 方法而言，基于 Battese 和 Coelli[⑨] 建立的面板数据的随机前沿生产函数，Kaneko 等[⑩]建立的农业用水效率的随机前沿生产函数，测定了农业用水效率。学者们将此方法运用于测算中国农业生产的技术效率与灌溉用水

① LI Y，BARKER R. Increasing water productivity for paddy irrigation in China[J]. Paddy and Water Environment，2004，2(4)：187-193.

② 刘渝，杜江，张俊飚.湖北省农业水资源利用效率评价[J].中国人口·资源与环境，2007，100(6)：60-65.

③ BOUMAN B A M. A conceptual framework for the improvement of crop water productivity at different spatial scales[J]. Agricultural Systems，2007，93(1-3)：43-60.

④ 范群芳，董增川，杜芙蓉. 农业用水和生活用水效率研究与探讨[J]. 水利学报，2007(S1)：465-469.

⑤ 黄和平，毕军，李祥妹，等. 区域生态经济系统的物质输入与输出分析——以常州市武进区为例[J]. 生态学报，2006，26(8)：2578-2586.

⑥ HU J L，WANG S C，YEH F Y. Total-factor water efficiency of regions in China[J]. Resources Policy，2006，31：217-230.

⑦ 张峰，王晗，薛惠锋.工业绿色全要素水资源效率的空间格局特征[J].软科学，2020，34(10)：43-49.

⑧ 许晶荣，黄德春，方隽敏.中国区域全要素水资源利用效率及其影响[J].河海大学学报（哲学社会科学版），2021，23(6)：77-84+111-112.

⑨ BATTESE G E，COELLI T J. Frontier production functions，technical efficiency and panel data：With application to paddy farmers in India [J]. Journal of Productivity Analysis，1992，3：153-169.

⑩ KANEKO S J，TANAKA K，TOYOTA T，et al. Water efficiency of agricultural production in China：Regional comparison from 1999 to 2002[J]. International Journal of Agricultural Resources，Governance and Ecology，2004，3(3/4)：231-251.

效率[①]，测度中国农业全要素生产率变化及其分解[②]，并进一步分析发展中国家全要素生产率增长的决定因素[③]。也有学者基于固定效应 SFA 模型对中国农业全要素生产率的变化进行了深入分析，并着重考察了地区差异[④]，通过该方法研究发现新疆农业生产技术的效率远低于灌溉用水的效率[⑤]。

非参数法则主要是数据包络分析（Data Envelopment Analysis，DEA）。DEA 方法不需要预设具体的生产函数，并且对于"多投入、多产出"的目标决策系统具有良好的适用性，因此在测度全要素用水效率上应用也较多。Charnes 等提出的 DEA 方法是传统的评价决策单元相对效率的数据包络分析方法[⑥]，基于非径向包含非期望产出的 DEA 扩展模型随之被提出[⑦]。基于该方法，学者们在资源与环境多领域展开了具体的研究，如采用污染排放量作为非期望产出，采用 DEA 方法测算灌溉水资源利用效率[⑧]，或是基于水足迹和灰水足迹的省际面板数据，结合期望产出与非期望产出的 DEA 模型分析中国区域水资源利用效率[⑨]。DEA 模型也被广泛运用于农业生产[⑩]及用水管理[⑪]，通过评估区

① 王学渊，赵连阁. 中国农业用水效率及影响因素——基于 1997—2006 年省区面板数据的 SFA 分析[J]. 农业经济问题，2008(3)：10-18.

② 张乐，曹静. 中国农业全要素生产率增长配置效率变化的引入——基于随机前沿生产函数法的实证分析[J]. 中国农村经济，2013(3)：4-15.

③ HEADEY D, ALAUDDIN M, RAO D S P. Explaining agricultural productivity growth：An international perspective [J]. Agricultural Economics, 2010, 41(1)：1-14.

④ 史常亮，朱俊峰，揭昌亮. 中国农业全要素生产率增长地区差异及收敛性分析——基于固定效应 SFA 模型和面板单位根方法[J]. 经济问题探索，2016，405(4)：134-141.

⑤ 王洁萍，刘国勇，朱美玲. 新疆农业水资源利用效率测度及其影响因素分析[J]. 节水灌溉，2016，245(1)：63-67.

⑥ CHARNES A, COOPER W W, RHODES E. Measuring the efficiency of decision making units [J]. European Journal of Operational Research，1978，2(6)：429-444.

⑦ TONE K. Dealing with undesirable outputs in DEA：A slacks-based measure (SBM) approach [R]. GRIPS Research Report Series，2003.

⑧ 张雄化，范厚权. 基于粮食安全的中国水资源利用及其效率研究[M]. 成都：西南财经大学出版社，2016.

⑨ SUN C Z, ZHAO L S, ZOU W, et al. Water resource utilization efficiency and spatial spillover effects in China[J]. Journal of Geographical Sciences，2014，24(5)：771-788.

⑩ 陈振，李佩华. 基于灰色 Malmquist-DEA 的中国粮食生产效率分析[J]. 数学的实践与认识，2017，47(15)：155-162.

⑪ 常明，王西琴，贾宝珍. 中国粮食作物灌溉用水效率时空特征及驱动因素——以稻谷、小麦、玉米为例[J]. 资源科学，2019，41(11)：2032-2042.

域内农业用水效率[①]，解析用水效率的空间异质性[②]，建设性地提出提高农业用水效率的差异化对策。在测算农业用水效率的基础上，通过开展农业用水效率影响因素及其影响强度研究，探究其影响机制，进而为提高用水效率找到路径[③]。目前，关于农业用水效率影响因素的研究主要从全球、国家区域和流域的尺度展开，对其影响因素的分析主要考虑水资源禀赋、供需水结构、种植结构、农业用水技术、经济发展、管理实践以及制度政策等方面。

在全球、国家区域层面，学者们采用了不同的测算方法对农业用水效率研究展开了丰富讨论。例如，运用元分析方法测算了在干旱条件下自然因素和管理实践对农业用水效率的影响[④]；考虑技术与环境异质性，采用随机参数方法，测算分析了美国农业灌溉水的利用效率、技术效率和灌溉取水的影子价格分别是 72.6％、83.6％和 77.5 美元每百万加仑[⑤]；以 2000—2015 年中国省级面板数据为基础，运用随机前沿模型测算了农业用水效率，然后运用空间计量经济方法分析了农业用水效率的时空变化，农民的人均可支配收入和受教育程度是其主要影响因素[⑥]。以南非半干旱流域灌溉农业为研究对象，探究了灌溉区域、用水效率和储水对调节干旱韧性的作用[⑦]。以西班牙农业为例，重新审视了农业用水效率这一概念，评价了在实现灌溉现代化政策目标下西班牙农业用

① AZAD MD A S, ANCEV T. Measuring environmental efficiency of agricultural water use: A Luenberger environmental indicator[J]. Journal of Environmental Management, 2014(145):314-320.

② GENG Q L, REN Q F, NOLAN R H, et al. Assessing China's agricultural water use efficiency in a green-blue water perspective: A study based on data envelopment analysis[J]. Ecological Indicators, 2019,96:329-335.

③ 张玲玲,丁雪丽,沈莹,等. 中国农业用水效率空间异质性及其影响因素分析[J]. 长江流域资源与环境,2019,28(4):817-828.

④ YU L Y, ZHAO X N, GAO X D, et al. Effect of natural factors and management practices on agricultural water use efficiency under drought: A meta-analysis of global drylands[J]. Journal of Hydrology, 2021, 594:1-10.

⑤ NJUKI E, BRAVO-URETA B E. Irrigation water use and technical efficiencies: Accounting for technological and environmental heterogeneity in U.S. agriculture using random parameters[J]. Water Resources and Economics, 2018, 24:1-12.

⑥ WANG F T, YU C, XIONG L C, et al. How can agricultural water use efficiency be promoted in China? A spatial-temporal analysis[J]. Resources, Conservation and Recycling, 2019, 145: 411-418.

⑦ LANKFORD B, PRINGLE C, MCCOSH J, et al. Irrigation area, efficiency and water storage mediate the drought resilience of irrigated agriculture in a semi-arid catchment[J]. The Science of the total environment, 2023, 859(Pt 2):160263.

水效率的演进过程①。以 31 省区市小麦、玉米和水稻主要粮食作物为研究对象,采用综合分析框架评估了农业用水效率②。考虑气候差异的影响,基于 MODIS 评估了伊朗的农业干旱、用水效率和后干旱③。采用 DEA 方法测算了长江经济带省份的农业用水效率,然后用社会网络分析方法探求空间的相关性和差异性④。采用 DEA 和 DEA-Malmquist 生产率指数分析了 31 个省份气候变化和生产技术异质性对农业全要素生产率和生产效率的影响⑤。

在流域层面,有学者采用 SBM-DEA 方法测算了黄河流域 9 省区农业用水效率并分析其时空分布,进而运用 Tobit 模型分析了农业用水效率的影响因素,其中经济发展与水资源禀赋对效率起正向作用,而政府支出和城市化水平与效率呈显著负相关⑥,进一步研究发现黄河下游地区韧性明显高于中上游地区⑦。塔里木河流域农业用水效率⑧、淮河流域农业水资源绿色效率⑨、汉江流域粮食生产用水效率及影响因素研究也均有相关研究成果⑩。

―――――――――

① LOPEZ-GUNN E, ZORRILLA P, PRIETO F, et al. Lost in translation? Water efficiency in Spanish agriculture[J]. Agricultural Water Management, 2012, 108: 83-95.

② CAO X C, ZENG W, WU M Y, et al. Hybrid analytical framework for regional agricultural water resource utilization and efficiency evaluation[J]. Agricultural Water Management, 2020, 231: 1-11.

③ FATHI-TAPERASHT A, SHAFIZADEH-MOGHADAM H, KOUCHAKZADEH M. MO-DIS-based evaluation of agricultural drought, water use efficiency and post-drought in Iran: considering the influence of heterogeneous climatic regions[J]. Journal of Cleaner Production, 2022, 374: 689-699.

④ SHI C F, LI L J, CHIU Y H, et al. Spatial differentiation of agricultural water resource utilization efficiency in the Yangtze River Economic Belt under changing environment[J]. Journal of Cleaner Production, 2022, 346: 1-13.

⑤ SHAH W H, LU Y T, LIU J H, et al. The impact of climate change and production technology heterogeneity on China's agricultural total factor productivity and production efficiency [J]. Science of the Total Environment, 2024, 907: 1-17.

⑥ WEI J X, LEI Y L, YAO H J, et al. Estimation and influencing factors of agricultural water efficiency in the Yellow River Basin, China[J]. Journal of Cleaner Production, 2021, 308: 1-11.

⑦ LU C P, JI W, HOU M C, et al. Evaluation of efficiency and resilience of agricultural water resources system in the Yellow River Basin, China[J]. Agricultural Water Management, 2022, 266: 1-13.

⑧ 刘强,虎胆·吐马尔白.塔里木河流域农业用水效率影响因素分析[J].吉林水利,2019(5):12-15+28.

⑨ 任志安,刘柏阳.淮河生态经济带农业水资源绿色效率的时空差异与影响因素[J].资源开发与市场,2019,35(7):929-934+941.

⑩ 何美娟,张玲玲.基于 SBM-Tobit 模型的汉江流域粮食生产用水效率及其影响因素分析[J].江西农业学报,2022,34(10):141-147.

1.2.2.2　农业用水效率的相关影响因素研究

随着学界对用水效率研究的不断深入,在对总体用水效率进行研究的基础上,学者们开始进一步分析可能影响用水效率的因素及其影响强度。通过研究影响用水效率的因素,探究其影响机制,进而为提高用水效率提供参考。梳理相关研究发现,不同研究范围[①②]、不同研究产业[③④]的用水效率的影响因素也存在一定差异。

另外,也有文献开展了农业水管理政策、管理实践、智慧灌溉策略和用水管制等对农业用水效率的影响分析,如评估农业管理实践对农业用水效率的影响[⑤],分析中国水管理政策改革和生产技术异质性对农业用水效率和全要素生产率的影响[⑥],认识智慧灌溉监测和控制策略对提高用水效率的作用[⑦],从农民的视角理解用水规制、粮食生产和农业水管理对英国灌溉水效率的影响[⑧]等一系列相关研究。

1.2.3　农业水安全与粮食生产

1.2.3.1　水与粮食生产的关系

水资源与粮食作物的关系十分密切。从粮食生产的角度,水是农业生产的基本生产要素,水分约束是缺水条件下作物生长的重要限制因子,也是当今世

---

①　高甜,杨肖丽,任立良,等.基于 SBM-GWR 模型的中国省际用水效率及其影响因素分析[J].水电能源科学,2022,40(5):34-37+54.

②　刘强,虎胆·吐马尔白.塔里木河流域农业用水效率影响因素分析[J].吉林水利,2019(5):12-15+28.

③　杨骞,刘华军.污染排放约束下中国农业水资源效率的区域差异与影响因素[J].数量经济技术经济研究,2015,32(1):114-128+158.

④　任志安,刘柏阳.淮河生态经济带农业水资源绿色效率的时空差异与影响因素[J].资源开发与市场,2019,35(7):929-934+941.

⑤　ZHANG G X, ZHANG Y, ZHAO D H, et al. Quantifying the impacts of agricultural management practices on the water use efficiency for sustainable production in the Loess Plateau region: A meta-analysis[J]. Field Crops Research, 2023, 291:1-13.

⑥　SHAH W H, HAO G, YASMEEN R, et al. Role of China's agricultural water policy reforms and production technology heterogeneity on agriculture water usage efficiency and total factor productivity change[J]. Agricultural Water Management, 2023, 287: 1-14.

⑦　BWAMBALE E, ABAGALE F K, ANORNU G K. Smart irrigation monitoring and control strategies for improving water use efficiency in precision agriculture: A review[J]. Agricultural Water Management, 2022, 260:1-12.

⑧　KNOX J W, KAY M G, WEATHERHEAD E K. Water regulation, crop production, and agricultural water management—Understanding farmer perspectives on irrigation efficiency[J]. Agricultural Water Management, 2012, 108: 3-8.

界粮食生产的重要障碍之一。在南亚及东南亚地区,水资源约束可能造成主要粮食作物 20%~30% 以上的产量损失[①②]。从作物生长期水资源供需平衡的角度来看,已有很多关于作物需水模型的研究成果。联合国粮食及农业组织提出的CROPWAT 模型从作物水消耗出发,根据作物生境的生物水文循环与水量平衡定义了作物的水需求[③④⑤⑥]。一个区域内作物的需水量具有时空变化,不同的作物类型对水的需求也不同[⑦],作物的空间组合则构成了不同空间尺度的作物水需求模型[⑧];地理加权回归的方法已被用于作物需水量空间分布分析[⑨];作物水生产力(CWP)的概念定量说明了水分对作物的影响[⑩⑪],从水资源利用效率角度揭示了干旱半干旱地区水资源管理的主要内涵。考虑可获取水的季节变化,Penman-Monteith 模型结合气象资料计算了作物月需水量[⑫⑬]。这些模型

① BOLING A A, TUONG T P, VAN KEULEN H, et al. Yield gap of rainfed rice in farmers' fields in Central Java, Indonesia[J]. Agricultural Systems, 2010, 103(5): 307-315.

② LI X Y, WADDINGTON S R, DIXON J, et al. The relative importance of drought and other water-related constraints for major food crops in South Asian farming systems[J]. Food Security, 2011, 3: 19-33.

③ LIANG W L, LV H Z, WANG G Y, et al. A simulation model-assisted study on water and nitrogen dynamics and their effects on crop performance in the wheat-maize system I: The mode[J]. Frontiers of Agriculture in China, 2007, 1: 155-165.

④ 刘昌明, 张丹. 中国地表潜在蒸散发敏感性的时空变化特征分析[J]. 地理学报, 2011, 66(5): 579-588.

⑤ SARKER M A R, ALAM K, GOW J. Exploring the relationship between climate change and rice yield in Bangladesh: An analysis of time series data[J]. Agricultural Systems, 2012, 112: 11-16.

⑥ LUO X P, XIA J, YANG H. Modeling water requirements of major crops and their responses to climate change in the North China Plain[J]. Environmental Earth Sciences, 2015, 74: 3531-3541.

⑦ LIU Z F, YAO Z J, YU C Q, et al. Assessing crop water demand and deficit for the growth of spring highland barley in Tibet, China[J]. Journal of Integrative Agriculture, 2013, 12(3): 541-551.

⑧ HEINEMANN A B, HOOGENBOOM G, DE FARIA R T. Determination of spatial water requirements at county and regional levels using crop models and GIS: An example for the State of Parana, Brazil[J]. Agricultural Water Management, 2002, 52(3): 177-196.

⑨ WANG J L, KANG S Z, SUN J S, et al. Estimation of crop water requirement based on principal component analysis and geographically weighted regression[J]. Chinese Science Bulletin, 2013, 58: 3371-3379.

⑩ NANA E, CORBARI C, BOCCHIOLA D. A model for crop yield and water footprint assessment: Study of maize in the Po valley[J]. Agricultural Systems, 2014, 127: 139-149.

⑪ CAO X C, WANG Y B, WU P, et al. An evaluation of the water utilization and grain production of irrigated and rain-fed croplands in China[J]. Science of the Total Environment, 2015, 529: 10-20.

⑫ SALMAN A Z, AL-KARABLIEH E K, FISHER F M. An inter-seasonal agricultural water allocation system (SAWAS)[J]. Agricultural Systems, 2001, 68(3): 233-252.

⑬ 刘鑫, 王素芬, 康健, 等. 区域农业水资源供需平衡分析[J]. 灌溉排水学报, 2014, 33(4): 320-324.

是区域农业活动水分需求分析的依据,对理解水与粮食生产的关系至关重要[①]。

1.2.3.2 作物需水及灌溉可供水研究

作物需水是种植和灌溉的管理基础,认识作物在全生育和各生育阶段内的需水规律,对于合理配置灌溉水资源量,提高农业水资源利用率,模拟预测作物产量具有重要意义。要实现农业可持续发展目标,需改进和完善田间作物需水量的测算方法,只有在准确测定作物需水量的基础上,才能避免过量灌溉引起的水资源浪费,同时提升农作物的产量及品质,实现灌溉水资源的优化配置。近年来,国内外均在作物需水量研究方面取得了较大进展。

作物需水预测的理论研究。由石玉林、卢良恕主持的"中国农业需水与节水高效农业建设项目"[②],在对我国粮食生产现状和农业用水情况进行分析的基础上,提出了我国农业需水量的预测模型和预测方法;根据人口和主要农产品的需求预测、耕地和播种面积的潜力预测,反复调整种植结构方案和作物灌溉定额等指标,寻找影响粮食灌溉需水的关键指标。

作物需水量计算研究。(1)直接计算方法。通过农田灌溉实测数据,构建不同作物需水经验拟合公式。(2)基于 ET 计算方法。1948 年,作物蒸腾发的概念先由彭曼提出,后来发展为 Penman-Monteith 公式(P-M 公式),联合国粮食及农业组织(FAO)发表的《计算作物需水量的指南》[③]中提倡使用该公式,因此 P-M 公式仍是目前计算作物需水量最常采用的方法之一。在使用 P-M 公式时应根据当地作物特征和自然条件使用调整后的作物系数来得出更精确的作物需水量。(3)遥感技术评估。利用遥感技术获取土壤水分和气象参数,对作物耗水数据进行动态抓取。(4)构建模型预测。根据区域作物需水量相关历史数据,通过时间序列、结构分析等方法建立数值预测模型。近年来,国内外学者对典型地区主要粮食作物的需水和耗水进行了大量研究,重点对粮食产区及干旱区灌区内常见农作物需水和耗水及影响因素进行分析。

流域地表水资源可利用量估算。我们通常将地表水资源可利用量定义为在

① SURENDRAN U,SUSHANTH C M,MAMMEN G,et al. Modelling the crop water requirement using FAO—CROPWAT and assessment of water resources for sustainable water resource management:A case study in Palakkad district of humid tropical Kerala,India[J]. Aquatic Procedia,2015,4:1211-1219.

② 石玉林,卢良恕. 中国农业需水与节水高效农业建设[M]. 北京:中国水利水电出版社,2001.

③ ALLEN R G,PEREIRA L S,RAES D,et al. Crop evapotranspiration:Guidelines for computing crop water requirements[R]. FAO Irrigation and Drainage Paper 56,1998:300.

可预见的将来,通过经济合理、技术可行的方式,综合考虑流域外生活、生产和生态用水的最大限度,同时考虑流域内的生态环境和其他生态用水条件的流域地表最大水量。目前,在水资源研究领域,地表水资源可利用量尚未形成统一的计算方法,分项估算法、截流法仍是目前流域水资源定量分析的常用方法。有国内学者对现存多种区域内地表水资源可利用量的计算方法进行了归纳汇总,包括径流深等值线法、"斩头去尾"法、弃水统计分析等[1][2],用于计算特定区域内不同降水情景下的水资源可利用率。国外学者则探索出基于优先水权制度的水资源WAM模型及兼顾水质和水量的AI数法[3],预估地表水资源可利用量。

灌溉供需水平衡的研究。灌溉可供水是在供需水平衡的思路下计算的,灌溉作为区域水循环的重要环节,与工业用水和生活用水构成三大需水部门。在分析农业灌溉水资源供需平衡时,应计算不同年度保证率下的分区单元(或地区)的灌溉可供水总量,再与作物需水量进行比较,以计算本区域水资源的盈亏,为水资源的优化配置提供科学依据。我国率先在西北地区开展了水资源供需平衡关系研究,重点研究农业灌区用水供需平衡关系,通过深入总结经验、改进技术方法,随后在全国范围内开展了水资源供需平衡研究,以实测数据为基础,在75%的保证率下完成全国分流域各断面供需水平衡分析,计算的重点也是农业灌溉用水。

1.2.3.3 粮食安全与农业水资源高效利用

粮食安全是关系国民经济发展、社会稳定和国家安全的重大战略问题。粮食安全的内容非常丰富,从不同的角度衡量粮食安全可能会有不同的结论。从人均粮食占有量、自给率和储备率等方面进行评估,大多数专家和机构都认为目前我国粮食安全状况趋于稳定,但仍需高度重视国际粮食市场的挑战。

农业水资源的高效利用是保障粮食安全的根本途径。随着新时期经济发展要求的提高,我国生活、生产与生态用水将持续增高,水资源的可持续使用与粮食安全保障是人类社会持续发展的最基本的支撑点。水资源高效利用的核

---

① 金新芽,张晓文,马俊.地表水资源可利用量计算实用方法研究——以浙江省金华江流域为例[J].水文,2016,36(2):78-81.

② 姚水萍,郭宗楼,任佶,等.地表水资源可利用量计算探讨[J].浙江大学学报(农业与生命科学版),2005,31(4):479-482.

③ MOHAMMAD JAVAD N, MIR SAMAN P. A stochastic programming approach to integrated water supply and wastewater collection network design problem[J]. Computers and Chemical Engineering, 2017, 104: 107-127.

心是农业水资源高效利用,关注的焦点是提高灌溉水利用率,从技术节水到通过水资源管理制度多个层面提高灌溉水利用率。在技术层面,从水源到田间输水、灌溉水在田间通过各种方式进行灌溉、增加雨水的利用亦可减少田间灌水量等各环节提高灌溉水利用率[1][2]。在水资源管理制度层面,一方面,建立灌溉水市场,开展水权制度设计和提高灌溉用水水价来提高用水效率[3][4][5];另一方面,开展灌溉水资源管理改革,建立农民参与的灌排区水管理机制[6]与水市场辅助机制,即"政治民主协商制度"和"利益补偿机制"[7]。

水与粮食的关系相互交织、影响因素复杂,因地域社会经济差异,呈现显著的时空分异特征,因地制宜地剖析水与粮食关系是实现粮食安全和水资源保障的前提。在粮食与水资源分析框架和模型中,典型的有国际粮食政策研究所(IFPRI)建立的 IMPACT-Water 模型、国际水资源研究所开发的全球的 PODIUM 模型(Policy Dialogue Model),在 PODIUM 的基础上,中国科学院农业政策研究中心研发的 CAPSMI-PODIUM 模型在中国九大流域针对粮食供求和水平衡状况进行了多方案的政策模拟[8],另外也有研究从虚拟水视角研究国家间、区域间粮食与水资源的跨界贸易关系[9][10]等。结合流域经济发展规划与资源环境情况,开展粮食安全与水资源高效利用关系研究仍是主流发展趋势。

1.2.3.4 农业用水安全与粮食生产能力协调发展

农业用水安全属于水安全的一种类型,侧重描述农业用水对保障粮食安全

① KUMAR V, VASTO-TERRIENTES L D, VALLS A, et al. Adaptation strategies for water supply management in a drought prone Mediterranean river basin: Application of outranking method[J]. Science of the Total Environment, 2016, 540:344-357.

② ZHOU F, BO Y, CIAIS P, et al. Deceleration of China's human water use and its key drivers [J]. Proceedings of the National Academy of Sciences of the United States, 2020, 117(14): 7702-7711.

③ 姜文来. 水资源价值论[M]. 北京:科学出版社,1998.

④ 徐志刚,王金霞,黄季焜,等. 水资源管理制度改革、激励机制与用水效率——黄河流域灌区农业用水管理制度改革的实证研究[J]. 中国农业经济评论,2004(4):415-426.

⑤ 沈满洪. 水权交易与契约安排——以中国第一包江案为例[J]. 管理世界,2006(2):32-40+70.

⑥ WANG Y H, WU J. An empirical examination on the role of water user associations for irrigation management in rural China[J]. Water Resources Research, 2018, 54(12):9791-9811.

⑦ 胡鞍钢,王亚华. 转型期水资源配置的公共政策:准市场和政治民主协商[J]. 中国软科学,2000(5):5-11.

⑧ 廖永松. 我国流域尺度上的灌溉水平衡与粮食安全保障[D]. 北京:中国农业科学院,2003.

⑨ DALIN C, WADA Y, KASTNER T, et al. Groundwater depletion embedded in international food trade[J]. Nature, 2017, 543:700-704.

⑩ WANG Z Z, ZHANG L L, DING X L, et al. Virtual water flow pattern of grain trade and its benefits in China[J]. Journal of Cleaner Production, 2019, 223:445-455.

的支持作用,而非局限于水资源自身安全性。考虑到农业水安全与粮食安全问题紧密相关,联合国粮食及农业组织将农业水安全定义为有能力为生活在较干旱地区的人口提供充足和可靠的水供应,以满足农业生产需要。农业水安全研究内容包括农业水资源利用效率[①]、农业水资源供需[②]、农业水资源安全评价[③]等。粮食安全则围绕粮食生产时空格局[④]、粮食安全评价[⑤]、影响因素[⑥]等方面展开。其中,粮食生产能力是粮食生产的核心能力,提升粮食生产能力是实现国家粮食安全的关键。我国一直高度重视提升粮食生产能力,坚持立足国内保障粮食基本自给的方针。2019年,《中国的粮食安全》白皮书明确提出,稳步提升粮食生产能力是中国特色粮食安全之路的重要基础。目前,学术界围绕粮食生产能力已开展诸多探究,相关研究成果根据其侧重点不同,具体可归纳为三类。第一类是针对粮食生产能力的测度设计,学者们通常以年度粮食产量、粮食单产等单一指标测度粮食生产能力[⑦];也有学者通过构建复合指标体系综合评价粮食生产能力[⑧]。第二类是针对粮食生产能力与城镇化、耕地变化、粮食安全的关联研究[⑨][⑩]。第三类是学者们采用各种方法探究粮食生产能力的影响因素[⑪]。

　　① 王震,吴颖超,张娜娜,等. 我国粮食主产区农业水资源利用效率评价[J]. 水土保持通报,2015,35(2):292-296.

　　② ZHU W B, JIA S F, DEVINENI N, et al. Evaluating China's water security for food production: The role of rainfall and irrigation[J]. Geophysical Research Letters, 2019, 46(20): 11155-11166.

　　③ 庞爱萍,易雨君,李春晖. 基于生态需水保障的农业用水安全评价——以山东省引黄灌区为例[J]. 生态学报,2021,41(5):1907-1920.

　　④ 潘佩佩,杨桂山,苏伟忠,等. 太湖流域粮食生产时空格局演变与粮食安全评价[J]. 自然资源学报,2013,28(6):931-943.

　　⑤ ZHAN J Y, ZHANG F, LI Z H, et al. Evaluation of food security based on DEA method: A case study of Heihe River Basin[J]. Annals of Operations Research, 2020, 290: 697-706.

　　⑥ LV F R, DENG L Y, ZHANG Z T, et al. Multiscale analysis of factors affecting food security in China, 1980—2017[J]. Environmental Science and Pollution Research, 2021, 29(5): 6511-6525.

　　⑦ 申欣鑫,黎红梅. 续建配套与节水改造对粮食综合生产能力的影响研究——基于湖南省14个市州大型灌区的实证分析[J/OL]. 中国农业资源与区划,2023:1-14[2024-04-04]. http://kns. cnki. net/kcms/detail/11. 3513. s. 20231206. 1035. 006. html.

　　⑧ 杨青,贾杰斐,刘进,等. 农机购置补贴何以影响粮食综合生产能力?——基于农机社会化服务的视角[J]. 管理世界,2023,39(12):106-123.

　　⑨ 曾福生,郑爽鑫. 新型城镇化与粮食综合生产能力耦合协调演化特征及其影响因素——基于湖南省2011—2021年面板数据的分析[J]. 湖南农业大学学报(社会科学版),2023,24(5):36-46.

　　⑩ 马文杰,冯中朝. 粮食综合生产能力与耕地流失的关系研究[J]. 农业现代化研究,2005(5):353-357.

　　⑪ 卢新海,柯楠,匡兵. 中国粮食生产能力的区域差异和影响因素[J]. 中国土地科学,2020,34(8):53-62.

在农业用水与粮食生产两者关系的研究中,一是关于二者耦合关系的研究,如构建二者压力-状态-响应(PSR)模型实证分析中国粮食主产区两者间动态耦合性[1],或是从水质和水量两方面开展粮食生产与水资源耦合关系研究[2];二是有关农业水资源安全阈值研究,分别从流域尺度[3]和市域尺度[4]对粮食安全条件下的农业水资源安全阈值进行研究;三是农业灌溉用水与粮食安全的相关研究,包括农业灌溉水资源对粮食生产安全的保障度[5]、灌溉水压力对粮食生产的影响[6]等。近年来,还有较多学者在水资源与粮食安全关系基础上,综合"水—能—粮"三者关系进行资源安全研究[7]。从研究方法上看,包括通过评价指标体系构建进行粮食与水生态安全评价研究[8],利用 Tapio 脱钩模型进行两者脱钩关系分析[9],此外还包括灰色预测模型、空间自相关[10]等方法。

1.2.4　文献述评

南水北调中线工程对汉江流域水资源和生态环境等方面的影响越来越引起人们的重视,现有研究主要集中在调水对汉江流域经济、社会和生态等方面的影响。一方面,运用水文学、经济学等理论对调水对汉江流域经济、社会和生态等方面的影响开展研究,分析调水对汉江流域水量、水质、生态环境的影响;另一方面,从经济学角度分析调水对汉江流域中下游和湖北省三大产业及航

---

① 罗海平,罗逸伦. 中国粮食主产区水资源安全与粮食安全耦合关系的实证研究及预警[J]. 农业经济,2021,406(2):3-5.

② 柳玉梅,李九一. 水资源与粮食生产耦合关系研究现状与展望[J]. 节水灌溉,2014(12):54-56+59.

③ 夏铭君,姜文来. 基于流域粮食安全的农业水资源安全阈值研究[J]. 农业现代化研究,2007,159(2):210-213.

④ 马娟霞,肖玲,关帅朋,等. 陕西省农业水资源安全阈值空间差异研究[J]. 干旱地区农业研究,2010,28(4):237-242.

⑤ 陶冶,李军,冯开文. 陕西省农业灌溉水资源保障程度及空间差异分析[J]. 中国农业资源与区划,2018,39(8):97-104.

⑥ 杨鑫,穆月英. 灌溉水压力、供给弹性与粮食生产结构——基于变系数 Nerlove 模型[J]. 自然资源学报,2020,35(3):728-742.

⑦ LU S B, ZHANG X L, PENG H R, et al. The energy-food-water nexus:Water footprint of Henan-Hubei-Hunan in China[J]. Renewable and Sustainable Energy Reviews,2021,135:1-12.

⑧ 刘渝,张俊飚. 中国水资源生态安全与粮食安全状态评价[J]. 资源科学,2010,32(12):2292-2297.

⑨ 封丽,赵又霖. 华北地下水开采与粮食生产的脱钩效应及其空间差异性研究[J]. 中国农村水利水电,2021(1):132-138+146.

⑩ 操信春,吴普特,王玉宝,等. 中国灌区粮食生产水足迹及用水评价[J]. 自然资源学报,2014,29(11):1826-1835.

运、旅游业、区域可持续发展的影响。汉江流域是我国重要的商品粮基地,南水北调中线工程调水后将影响汉江中下游的灌溉供水量,进而影响粮食生产。目前,关于作物需水模型、水对作物生产影响的研究成果颇丰富,而基于粮食生产供需水模型模拟评价南水北调中线工程对汉江流域粮食用水影响的研究颇少。

南水北调中线工程的生态补偿。调水工程生态补偿涉及理论基础、补偿原则、标准设定与政策落实等方面,通常调水工程运行后的利益补偿问题多以上游调水区水源地为研究对象;跨流域调水后的利益补偿问题,目前已开展的工作往往只局限于对核心水源区的生态补偿上,而对水源区下游地区的利益补偿问题关注度不足。本研究通过定量计算汉江流域中下游各县市主要粮食作物分生育周期内需水量,不同降水情景、不同调水规模下灌溉可供水减少量,估算因非充分灌溉致使主要粮食作物产量降低的经济价值损失,在对生态补偿理论进行分析的基础上,构建适合本区域的跨流域调水中下游粮食产区利益补偿机制,明确"为何补偿""谁补偿谁""补偿多少""如何补偿""后期如何落实保障"等重点问题,维护中下游地区发展的合理权益,最终实现"南北双赢、南北两利"的目标。

针对农业用水效率的研究,国内外成果主要集中于从单要素分析向全要素分析发展,考虑的影响因素越来越多,信息更加全面,研究范围覆盖宏观国家省域层面、中微观农户灌溉行为,用水效率结果分解愈加细化。调水影响到流域中下游地区承接来自上游水资源的供给部分,水资源是农业生产的基本要素,水资源供给的变化影响农业生产中水资源投入的变化,进而影响到农业用水效率。调水如何影响流域农业用水效率,影响有多大,目前鲜有相关研究。为此,本研究首先解析了南水北调中线工程对汉江流域中下游地区农业用水效率影响的传导机制,采用SBM-DEA方法测算了汉江流域中下游19县市区农业用水效率,再采用Tobit模型分析了调水对农业用水效率可能造成的影响,探求调水背景下提高农业用水效率的差异性对策。

关于农业用水安全与粮食生产能力,学者多从国家层面[①]、省级层面[②]、流域[③]等大尺度范围综合两者关系进行研究,但流域内的县域小尺度研究政策更

---

① 张正斌,段子渊,徐萍,等. 中国粮食和水资源安全协同战略[J]. 中国生态农业学报,2013,21(12):1441-1448.

② 王西琴,王佳敏,张远. 基于粮食安全的河南省农业用水分析及其保障对策[J]. 中国人口·资源与环境,2014,24(3):114-118.

③ 付永虎,刘黎明,起晓星,等. 基于灰水足迹的洞庭湖区粮食生产环境效应评价[J]. 农业工程学报,2015,31(10):152-160.

容易实施,相关研究后续还需深入。已有研究多从粮食或农业用水单一视角构建评价指标体系,综合农业水安全与粮食安全两者关系构建指标体系较少,尤其是在调水工程运行背景下针对水源区从县域角度进行安全评价、耦合协调分析及时空分异特征等研究还需强化。本书构建了调水背景下农业用水安全与粮食生产能力耦合协调评价体系,利用四象限模型和耦合协调度模型分析二者的关系演变,并通过障碍度模型识别出主要障碍因子,为实现农业用水安全与粮食高质高产的最优状态提供有效建议。

1.3 研究内容

研究内容主要包括四篇,一是基础篇,二是调水对粮食用水影响篇,三是调水对农业用水效率影响篇,四是调水前后水粮耦合关系评估篇。基础篇主要包括研究背景、文献述评、基本概念和影响机制,第二、三、四篇分别包括现状解析、影响评估与政策建议。

(1)数据收集和资料整理。调查收集汉江流域人口、经济产值、产业结构与布局等社会经济数据,工业、农业、生活和生态需水与供给的水资源数据,南水北调中线工程调水规模和运行管理制度等数据资料,用于分析调水对流域经济和用水结构的影响;调查收集汉江流域降雨、各典型年降水情况、主要粮食作物需水情况、作物种植面积、灌溉定额、单位粮食价格、单位粮食产量等数据资料,用于测算调水后因供水不足导致作物非充分灌溉造成的经济损失。

(2)汉江流域中下游各县市主要粮食作物需水量计算。汉江流域中下游主要粮食作物包括冬小麦、玉米和早中晚稻,在调查和参考主要粮食作物播种时间、收获时间、生育期的基础上,测算其生育期需水,利用已有的灌溉实验资料,估算县域尺度上粮食产区内主要粮食作物的需水量(ET_c)和有效降雨量值(P_e),得出平水年、干旱年和特枯年份下各县市主要粮食作物需水总量。根据作物需水特点划分不同生育期内需水量,通过作物需水量与有效降雨量的差值得出单位灌溉需水量,再根据本地区灌溉水利用系数测算作物生产的灌溉毛需水量。

(3)中线调水对汉江流域中下游粮食作物灌溉可供水损失量。通过水文站点监测值,采用扣损法计算汉江中下游流域水资源可利用量,根据汉江流域的经济社会发展情况及19县市区不同部门的用水定额,利用可利用水总量和未来区域内生活、生产、林牧渔畜需水预估量的差值,估算县域尺度上不同降水情景下汉江流域中下游各县市最大可利用的作物灌溉水资源量,预测未来调水 95 亿 m³ 和 145 亿 m³ 后在不同来水条件下汉江流域中下游粮食作物灌溉供需水的缺口。

(4) 中线调水对汉江流域中下游粮食作物灌溉缺水的经济损失计算。用数据统计分析科学定量计算不同降水情景和不同调水规模下,汉江流域中下游地区各县市粮食产区可供水量减少,使得主要粮食作物在不同生育周期内非充分灌溉造成的经济价值损失。为避免平均水分生产率没有考虑到作物在不同生育阶段内的水分生产率的变化,将不同时期的水分生产率按生育期内灌溉需水量按比例进行分摊,得出各主要粮食作物的综合水分生产率,并根据不同调水规模估算得出汉江流域中下游因调水导致粮食作物灌溉缺水的经济损失,为后文中补偿标准的设定提供依据。

(5) 中线调水对汉江流域中下游粮食作物生产影响的补偿机制研究。在对生态补偿理论进行分析的基础上,进一步研究南水北调中线工程调水后对汉江流域中下游各县市粮食产区内主要粮食作物损失的利益补偿,健全政策补偿机制,包括利益补偿必要性及合理性、补偿主客体及内容、补偿金额测算、补偿方式选择、补偿资金来源及其运作形式机制以及运行后期管理与体制保障,以维护汉江流域中下游地区农业发展的合理权益。

(6) 汉江流域中下游农业用水效率分析。利用 SBM-DEA 模型、Malmquist-DEA 指数模型对汉江流域农业用水效率进行测算及分析,其中投入要素包括劳动力投入量、土地投入量、机械投入量、化肥投入量和水资源投入量,产出要素为农业产值,从时序和空间两个维度揭示汉江流域中下游农业用水效率的现状与发展趋势,并在此基础上对生产要素进行投入冗余分析,解析汉江流域中下游地区农业用水效率的时空演变趋势及区位特征差异。

(7) 探究中线调水对汉江流域中下游农业用水效率可能造成的影响。采用 Tobit 回归模型,将南水北调中线工程是否运行以虚拟变量的形式加入回归模型中作为核心解释变量,从产业结构、用水结构、种植结构、灌溉条件、资金支持这五个方面选取指标作为其他控制变量,对可能影响汉江流域农业用水效率的影响因素进行回归分析并完成相关检验。根据实证研究结果,分析中线调水是否对汉江流域农业用水效率提升起到积极作用,通过传导机制验证调水对农业用水效率影响,为南水北调中线工程实施背景下提升汉江流域农业用水效率提供切实可行的政策建议。

(8) 调水前后汉江流域农业用水安全与粮食生产能力耦合协调关系及障

碍度分析。农业用水安全与粮食生产能力之间协调发展是实现农业可持续发展的前提与保障。通过构建农业用水安全与粮食生产能力评价指标体系和四象限分析模型,再基于耦合协调度和空间自相关模型,分析 2010—2021 年汉江流域中下游农业用水安全与粮食生产能力时空格局变化,识别阻碍农业用水安全与粮食生产能力的主要障碍因子,并提出相应的对策建议促进二者的协调发展。

1.4　研究区域

汉江是长江最长的支流,干流流经陕西、湖北两省,于武汉市汇入长江,全长约 1 570 km,流域面积为 15.91 万 km²,汉江流域水系与县级行政区见图 1.4.1。南水北调中线工程从汉江的丹江口水库引水,沿伏牛山和太行山山前平原开渠输水,终点北京。中线工程具有水质好、覆盖面大和自流输水等优点,是解决华北水资源危机的一项重大基础设施。大规模调水对汉江流域中下游水量产生影响,进而影响粮食生产,故本研究以汉江流域中下游湖北省境内县级区域作为研究区域,具有典型性和代表性。

汉江流域以其优越的自然条件和资源条件,成为湖北省工农业发达地区。流域内有我国中部最大的工商业城市——武汉,此外,汉江还流经全省的几大

图 1.4.1　汉江流域水系及上中下游各县市区

支柱性工业城市。汉江流域农业发展较早,是连接中西部地区的重要粮食主产区。江汉平原是我国主要商品粮基地之一,汉中盆地、南阳盆地也是重要的农业区。粮食生产以稻米、冬小麦、玉米为主;主要经济作物为棉花、油料作物、麻类、烤烟等。

汉江流域是我国首批最严格水资源管理制度的试点流域,丹江口水库是南水北调中线工程的水源地,加之人口增长、工业化进程加快和资源环境的硬约束,在缓解受水区水资源紧缺的同时也给水源区粮食安全带来了水资源压力,如何让汉江流域在调水的同时更加合理地利用水资源,保障粮食生产安全,实现水、粮食与经济社会的可持续发展,具有重要的研究价值。

汉江以中线工程水源地丹江口水库以上为上游,丹江口水库至湖北钟祥为中游,钟祥到汉口为下游。汉江流域中下游地区包括房县、老河口市、襄阳市区、枣阳市、宜城市、南漳县、谷城县、保康县、荆门市区、沙洋县、钟祥市、京山市、应城市、汉川市、仙桃市、天门市、潜江市、神农架林区、武汉市,共计19县市区。

第二章　核心概念与影响机制解析

2.1　核心概念

2.1.1　水资源调配与国家水网建设

水资源调配是指通过对水资源的储存、输送和分配,实现水资源生态积蓄和优化配置,包括时间和空间两个维度。为实现水资源优化配置,我国通过工程建设、长线输水实现区域间的水资源合理调配。"南水北调是国之大事",是我国水资源管理政策中的重要一项,是实现水资源合理调配的重要一环,工程运行近 10 年间,直接惠及 1.4 亿人,40 多个大中型城市的经济发展模式因调水而得到优化。

南水北调工程总体规划以长江丰富的水资源为基础,三条线路构成了以长江、淮河、黄河、海河四大水系为主体的国家水网主要骨架,将受自然条件制约的"被动补水"转变为"积极主动的水资源布局",实现全国水系的互联互通,促进水资源均衡配置,提高我国水土资源的兼容性,促进全国范围内经济社会的协调发展。

南水北调工程是国家水网的战略骨干,肩负着国家供水安全保障的重要使命,是国家生态文明建设的重要支撑。立足新发展阶段,在新时代治水思路的指导下,取水地和中下游地区供需水矛盾的出现、河道内生态环境需水量增加等因素,都对南水北调后续工程运行提出了更高的要求。因此,要深刻分析当前面临的新形势、新任务,科学推进工程规划建设,完善后续补偿工作,为国家经济社会发展、打造"中国水网"保驾护航。

2.1.2　作物灌溉供需水量与灌溉制度

在农业灌溉用水供需分析中,应根据不同年度保证率,计算分区单元内灌溉可供水量,与农作物灌溉需水量进行比较,以计算区域内的余缺水量情况,为水资源利用、水利建设规划和城乡工农供水的优化配置提供依据。作物需水量是指在适宜的土壤水分、养分供给和正常种植下,土壤(或水面)蒸腾量与植株蒸腾量之和。影响作物需水量的因素既包括日照、温度、湿度、风速等气象条件,也包括土壤水分、土壤肥力等土壤状况,同时作物类型及其生长发育阶段划分、农业技术、排水灌溉措施等也产生作用。作物需水量由参照作物需水量和作物系数调整后得出,参照作物需水量是指高度均匀、生长良好、土地覆盖充分、土壤水分充足的绿草地(8~15 cm高)的蒸腾量(ET_0)。参考作物需水量主要受气象条件影响,需根据当地气象情况分阶段计算。彭曼根据能量平衡原理和水汽扩散原则,利用常规气象资料,计算作物的潜在腾发量,将腾发耗能等量为作物所需水值,即在参考已知的作物ET_0之后,用作物系数K_c对ET_c进行矫正,得到该作物理论需水量值(ET_c)[①]。作物系数K_c是指作物在一定阶段内所需水量与参考作物蒸发量的比值。作物系数是农田灌溉计算中的重要参数之一,作物种类和品种均会导致作物系数的变动,作物系数在作物所处的不同生育阶段也不一致,生长初期和后期系数数值较小,中期则较大。

作物灌溉需水量是指生育过程中必须依靠灌溉补偿获得的水量。作物生长所需的部分水量可以由自然降水直接提供,降水不足的部分则依靠人工灌溉补充,作物生长期间灌溉所需的净灌溉需水量是满足其正常生长条件下的需水量与有效降雨量之间的差额。作物生长期内的有效降雨可以满足作物部分需水,减轻农业灌溉水紧缺的压力。

作物灌溉可供水量是指考虑水资源可利用总量、供水工程措施、其他部门用水需求后可能提供的满足作物灌溉水要求的水量,考虑现状、近期及远景不同水平年,同时考虑枯水年、平水年和丰水年等不同来水情况。作物灌溉可供水量的计算不仅要考虑不同保证率可供水总量,还要考虑不同规划年份因人口增加、经济发展导致其他用水产业需水规模的扩大,对作物灌溉可供水量造成的压减值。

因汉江流域中下游对地下水的开发使用力度较小,因此本书将汉江流域中下游水资源可利用量设定为地表水资源可利用量。在国家水资源综合规划中对地表水资源的利用进行了明确界定,即在可预见的将来,在考虑河道生态环

---

① 岳琼,郭萍,唐毅宽,等.灌区广义水资源不确定性多目标优化配置[J].干旱地区农业研究,2020,38(4):168-174+183.

境用水和其他用途的前提下,以经济合理和技术可行为前提,可一次性供给河道外生产、生态、生活的最大可用水量。在确定总量后,按照流域内综合规划,以满足城乡居民生活用水需求为重点,保障生态用水,统筹工农业用水需求,因此作物灌溉可供水量可以按先后级别顺序,通过城镇和农村生活用水、工业用水、林牧渔业用水量得出作物灌溉供水量。

灌溉制度是指在一定的自然条件限制下,针对不同作物采取特定的农业技术措施,以实现高产、稳产和节约用水的目标而制定农田灌溉制度,包括灌水时间、次数、灌溉定额、灌水定额四要素[①]。灌溉制度以降雨量和年际分配以及作物生育期内对水的需求为基础,根据作物需水规律和气象条件,结合当地具体情况和多年气象资料,针对不同水文年份,拟定丰平枯年份下不同的灌溉制度。为了最大限度地提高有限灌溉水资源下的作物产量和经济效益,核心问题是确定可供水量并在作物生育期内进行合理分配,优先保障作物关键生育周期内的需水,以增加产量和提升品质。

2.1.3　利益补偿与利益补偿机制

"补偿"可以看作是"弥补"和"偿还",为了补偿损失由获益方向受害方偿还损失金额。在经济社会发展过程中,某些行为主体在创造利益的过程中无法从中获得应得收益,反而可能造成自身无法避免的利益损失[②],如果该部分损失得不到相应的弥补和偿还,就会影响社会经济的平稳和谐发展。利益补偿是稳固社会关系、促进经济发展的重要手段,是指通过各种方式和形式,受益方对利益受损方做出具体赔偿,弥补其受损利益,以维护受损方或整个弱势群体的合法权益的过程,以统筹国民经济发展,体现利益主体公平原则,实现区域间协调发展。

利益补偿机制是指为了统筹各主体间利益关系、补偿受损方的合理权益而制定的一系列措施方法和行为规范。汉江流域中下游粮食生产补偿机制是指为了降低南水北调中线工程运行后对粮食生产的影响,保障湖北省和中部地区的粮食安全,依法对汉江流域中下游粮食产区内的政府和种粮农民所遭受的损失进行合理补偿的制度安排。以保障区域持续发展为出发点,建立健全补偿机制,对汉江流域中下游粮食产区实行政策倾斜和资金补助,支持区域内经济社

---

① 孙景生,康绍忠.我国水资源利用现状与节水灌溉发展对策[J].农业工程学报,2000(2):1-5.

② 徐大伟,涂少云,常亮,等.基于演化博弈的流域生态补偿利益冲突分析[J].中国人口·资源与环境,2012,22(2):8-14.

会的协调发展。为增加农民收入、提高种粮积极性、稳定粮食生产、实现国家粮食安全,补偿必须具备长期性和稳定性的特点,需构建长效机制保障补偿制度运行,考虑将制度纳入法律框架内,用立法来保障制度的长效性,同时在制度运行过程中需不断完善和进行动态调整,提高农民收益的期望值,增强农民的种粮积极性,稳定粮食生产。

研究利益补偿机制主要应明确"为何补偿""谁补偿谁""补偿多少""如何补偿""制度保障"等重点问题。"为何补偿"是要解释补偿的必要性问题。首先需确认补偿主客体是否明确,即是否存在一方经济利益受损而另一方获益的情况;其次是解释补偿的合理性,即一方利益的损害与另一方利益的取得是否存在直接相关关系;最后是证明补偿的可行性,即补偿手段落实后是否能够补偿受损方的利益损失。"谁补偿谁"是界定补偿的主客体。一般认为,补偿行为的主体是获得利益的一方,客体是失去利益的一方,为了纠正"补偿主体"和"补偿客体"间不合理的经济行为,受益人按照相应的标准将部分利益用于补偿受损方。"补偿多少"是要解决补偿标准设定的问题。一般认为,补偿标准设定的最小值应该大于或等于受损方蒙受的经济损失,最大值应该小于或等于获益方获得的经济利益。但现实中,经济利益的得失往往无法被直接衡量,因此在制定补偿标准时,应遵循科学性、民主性的原则,兼顾多方意愿和实际情况。

"如何补偿"是对补偿方式选择的讨论,常见的补偿方式包括:资金补偿、政策倾斜、技术支持、实物补偿等。资金补偿是最直接、最有效的方式,也是最常见的直接补偿经济利益损失的方式;政策倾斜是指政策制定者有意将政策优惠于特定地区或行业,给予其"特殊关照",以扶持当地或部门的发展;在某些由政府主导的工程建设中,技术补偿和实物补偿的效果更好,这是因为政府可以利用规模效应克服资金分散的弊端,更好地规划和使用补偿资金以完成项目工程建设或改造。"制度保障"就是要建立起与之配套的管理制度为利益补偿的实现提供保障。利益补偿制度一般由政府主导,首先出台相关法律法规来保障补偿的合法性和强制性;接着搭建主体与客体协商的互动平台,保证补偿工作的公平、公正和公开运行;最后监督利益补偿实施情况,对实施效果进行评估,动态调整并完善补偿机制。湖北省尤其是汉江流域中下游江汉平原地区,对保障中部地区乃至全国粮食安全具有重要作用。为服务全国范围内的水资源优化配置,为北方省市提供优质水资源,南水北调中线工程的运行压减了位于丹江口水库以下的汉江流域中下游地区可用水量,粮食作物灌溉可供水量相应减少,在大规模调水和极端气象条件共同作用下,无法满足作物生育期内的最低灌溉需水量,使粮食产区内农业产值受损,农民种植粮食收入缩减,严重影响了全区粮食总产出的稳定性,农户种粮积极性受到打击,威胁湖北省甚至中部地区的粮食安全,因此迫切需要完善调水后对汉江流域中下游粮食产区的利益补偿机制。

2.1.4　农业用水与农业用水效率

水资源是农业发展的基础资源,在我国农业生产中处于战略地位,水资源的可持续利用是农业可持续发展的基础和前提之一。作为人口大国,粮食更是关乎国民生计和国家安全的战略性特殊商品,保障国家粮食安全生产是发展现代农业的首要任务。与此同时,粮食生产过程中对水资源的需求量很大,然而随着经济发展和社会进步,大量的农业用水转化为非农用水,农业用水日益紧张,因而受到严重影响。我国用水量按国民经济主要产业统计,包括农业用水、工业用水、生活用水和生态用水。按部门主要行业分类,农业用水包括种植灌溉用水和林牧渔业用水。种植业灌溉水主要是指用于种植粮食作物和其他经济作物的耕地或水田灌溉的水资源,是农业用水量的主要组成部分,一般约占农业用水量的 90%左右,林、牧、渔业等用水所占比重较小,考虑到资料的可得性和研究对象的统一性,农业水资源一般指狭义的种植灌溉用水资源。

生产效率是评价经济资源使用效率的相对指标,用以衡量在固定数量的要素投入下实际生产达到最大产出的程度。农业生产是土地、水、机械、化肥和劳动力等多种要素共同作用的结果,水资源必须与其他要素共同作用才能实现农业生产。水作为农业生产的投入要素,其效率所度量的是在实际产出和其他投入水平不变的情况下,农业用水的最低使用量与实际使用量的比值。其他要素投入变动、种植结构变化和市场价格波动等都会影响水资源生产效率,只考虑投入与产出简单关系的生产率计算方法难以测度多要素的变化,因此本研究分析农业用水效率问题时,采用农业多要素配置用水效率这一方法来测度。农业生产水资源有效配置是指在一定的市场环境和生产条件下,假设其他投入要素固定不变时,最大限度利用现有水资源,能够达到的最大可能农业产出水平。本书测度了汉江流域粮食中下游 19 县市区农业用水效率,并采用 Tobit 模型分析了调水对农业用水效率的影响。农业用水效率的计算方法较多,如在农业产出量相同时,计算实际农业用水量与期望用水量的比值;在用水量相同时,计算农业的最大产出或最大收益。本书采用全要素农业用水效率,在给定产出和其他投入水平的情况下,农业用水效率等于技术上可行的最小水资源使用量与实际使用数量之比。

2.1.5 农业用水安全与粮食生产能力

农业用水安全是指有能力为生活在较干旱地区的人口提供充足和可靠的水供应，以满足农业生产需要，因而农业用水安全对保障我国粮食安全具有重大意义。目前，农业用水正面临水量短缺、水质污染、利用率低、水环境脆弱及管理滞后等问题，如何应对这些挑战，值得全社会的广泛关注，需要投入更多的人力、物力、财力等，对其中的关键科学问题与"卡脖子"技术进行协同攻关。

粮食生产关系国计民生、稳定发展，是全社会广泛关注的重要课题。随着工业化、城市化的快速推进和极端天气事件的频频发生，粮食生产面临着资源的刚性约束，人地水粮的矛盾日益尖锐，严重制约了我国粮食的可持续生产能力，粮食安全正遭受严峻考验。粮食生产能力是评价粮食安全的重要指标，是指在既定时期、既定领域和一定的经济与科技发展条件下，通过粮食生产要素的投入而产生的粮食综合生产能力，既有短期的稳定性又具备长期的可持续性[①]。有学者将粮食生产能力测度指标分为单一型指标体系和复合型指标体系两种，其中，复合型指标是以粮食生产数量为基础构建的，可以全面反映粮食的综合生产能力，本书选用了复合型指标体系评价汉江流域中下游地区的粮食生产能力。粮食生产过程耗水量大，农业水安全是实现粮食安全的基础，我国是农业灌溉大国但水资源地区分布失衡，农业用水供需矛盾突出。汉江流域是重要的粮食产区，整个流域约有 2 750 万人口，耕地面积约 280 万公顷，流域内降水季节分布不均匀且年际变化大。南水北调中线工程从丹江口水库引水北上，汉江流域作为中线调水工程的取水区，未来农业灌溉水资源可能会遭到压减。农业用水短缺将对粮食产量和品质造成巨大压力，研究农业用水安全与粮食生产能力协调适配关系具有重大意义。

2.2 影响机制解析

2.2.1 调水对粮食用水的影响机制

对"南水北调中线调水是否会影响汉江流域中下游粮食用水？"问题的研

---

① 刘慕华，肖国安. 土地生态视角下中国粮食综合生产可持续能力研究[J]. 科学决策，2019(10)：22-53.

究,可以分解为"汉江流域中下游作物需水量有多少?"和"调水对汉江流域中下游灌溉可供水量的影响有多大?"两个子问题。

首先,从需求端切入,探讨不同作物分生育周期内理论需水量,分析不同情景下降水对作物需水的满足度,通过灌溉水对其进行补充以保证作物在关键生育阶段的生长,若区域内无法保证作物灌溉需水量,则会使作物受到水分胁迫,产生作物品质下降、产量锐减、产值降低等问题。第三章构建作物灌溉需水模型,探讨灌溉水与粮食生产关系,目的在于明确不同降水条件下作物的不同灌溉需水量值;为保证汉江流域中下游正常的粮食生产,需要预留的作物灌溉水量值;当区域内灌溉可供水量低于何界限时,会对作物生长造成水分胁迫。

其次,再从供给端着手,分析调水对汉江流域中下游可供水量的影响,按照用水部门优先级排序,在满足区域内生活需水、生态需水、工业需水的基础上,估算农业部门在不同调水规模下的灌溉可供水量。中线工程运行后,丹江口水库下泄流量减少,汉江流域中下游地表水资源可利用量也因此产生变化。以2014年为节点,通过汉江中下游水文站不同气象条件下实测值确定在不同降水情景、远近景调水规模下,汉江流域中下游地表水可利用量,同时考虑人口增长、经济发展、城镇化率、用水定额等因素的影响,估算远近景规划年下其他用水部门需水量,通过调水后汉江流域中下游地表可用水量扣除该部分后得出调水对灌溉可供水量的影响,确定调水对灌溉可供水造成影响的情景"拐点",明确不同情景下调水对汉江流域中下游灌溉造成的水量损失。

最后,将灌溉水量损失转化为作物产值损失,针对不同情景下灌溉水量的损失量开展相应的补偿。公平性与可持续性是跨流域调水工程规划建设运行的重要因素,需保证调水后取水地及其中下游地区能承受未来水资源供应和需求的变化,且不会对区域内居民正常生活、生产造成负面影响,不给当地政府和民众带来不适当的社会经济或环境负担。南水北调工程作为国家水资源调配的一项重大公共政策,是"中国水网"建设的关键环节,应对丹江口水库及汉江流域中下游受影响区开展细致的调水补偿,考虑因可用水量减少丧失的发展机会和可能造成的经济损失,并针对生态保护、农业灌溉、航运发电等不同方面开展针对性补偿机制构建。本节的关注点在于调水对该区域粮食生产水量的影响,将灌溉损失水量量化为损失金额,并以此作为补偿金额设定的依据,明确补偿主客体、补偿内容与方式并提出相应的配套措施,最后在多因素下论证其补偿合理性,如图2.2.1所示。

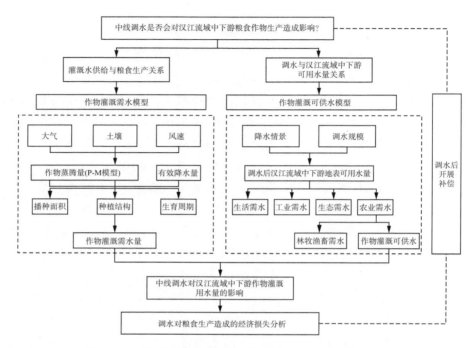

图 2.2.1 调水对汉江流域中下游粮食生产影响的传导机制

2.2.2 调水对农业用水效率的影响机制

　　南水北调中线工程的调水会调整水源区和受水区的水资源分配,使得我国干旱的北方地区获得了更多的水资源,这缓解了受水区水资源的稀缺问题。与此同时,调水对水源区汉江流域中下游水资源供需关系产生了一定影响,相较于其他用水部门,农业的用水优先次序较低,进而调水会影响到该区域农业用水效率。

　　南水北调中线工程在一定程度上会改变汉江流域中下游的水资源可利用量和农业用水条件,从而影响汉江流域中下游农业用水效率。研究表明,水资源稀缺有可能会导致对水资源更审慎的使用,从而有助于改善农业生产用水效率①。因此,水资源可利用量的减少可能会提高汉江流域中下游农业用水效率。然而,另一些研究却表明,尽管在存在缺水的情况下,较低的用水效率也是

----

　　① GARRIDO S. Governing scarcity. Water markets, equity and efficiency in pre-1950s eastern Spain[J]. International Journal of the Commons,2011,5(2):513-534.

常见的[①②]。这意味着即使水资源禀赋的改善会缓解缺水问题,较低用水效率也未必会发生改变。这些研究结论相反的文献均表明,水资源禀赋的改善对于用水效率的影响方向仍然是不确定的,即现有研究尚未对二者之间的关系达成明确统一的结论。因此,本研究预期在南水北调中线工程运行的综合影响下,使汉江流域中下游农业用水效率得到提升,但这种影响仍然是不确定的并有待做进一步的检验。

南水北调中线工程实施通过节水政策或措施引导水源区和受水区节约用水,从而影响汉江流域中下游农业用水效率。我国在南水北调工程输水的同时采取了一系列的节水措施,以鼓励通过提高节水能力来改善用水效率,并最终实现减少水的需求的总体目标。《南水北调工程供用水管理条例》总则中指出,南水北调工程的供用水管理需遵循先节水后调水、先治污后通水、先环保后用水的原则,坚持全程管理、统筹兼顾、权责明晰、严格保护,确保调度合理、水质合格、用水节约、设施安全。条例中将"先节水后调水"作为南水北调工程水资源管理的三项目标之一。"先节水后调水"不仅在受水区践行,而且也在水源区实践[③]。在受水区,在南水北调工程输水开始后在受水城市进行了大量的节水设施投资,用于改造供水管网以减少漏损水率,从而提高用水效率。例如,北京在南水北调工程输水后发布了专门的节水规划,并与河北和天津共同成立了专门的节水公司和节水投资基金等,试图通过重点投资于农业、工业和家庭部门的节水设施将2020 年用水总量控制在 43.0 亿 m³ 以内。在水源区,"保一库碧水永续北送"的理念已经深入人心,在节水、守水和保水上取得了巨大的成就[④]。因此,节水政策、节水理念和行动也会影响汉江流域中下游农业用水效率。

南水北调中线工程通过后续配套工程建设以保障水源区的可供水量,进而影响汉江流域中下游农业用水效率。为了弥补丹江口水库调水对汉江中下游

① LONG K S, PIJANOWSKI B C. Is there a relationship between water scarcity and water use efficiency in China? A national decadal assessment across spatial scales[J]. Land Use Policy, 2017, 69: 502-511.

② VARGHESE S K, VEETTIL P C, SPEELMAN S, et al. Estimating the causal effect of water scarcity on the groundwater use efficiency of rice farming in South India[J]. Ecological Economics, 2013, 86:55-64.

③ MIAO Z, SHENG J C, WEBBER M, et al. Measuring water use performance in the cities along China's South-North Water Transfer Project[J]. Applied Geography, 2018,98:184-200.

④ 张沛,段吉雄. 湖北十堰:扛源头担当 保碧水北送[EB/OL]. (2023-10-23)[2023-11-20]. http://hb. people. com. cn/n2/2023/1022/c194063-40611967. html.

的影响,国家支持湖北省兴建了引江济汉、兴隆水利枢纽、闸站改造、航道整治等四项配套工程,通过调蓄水源、兴修水库、建设蓄滞洪区等措施,提升南水北调中线配套供水能力,进一步改善汉江流域中下游的生态和保障周边用水,提升中线输水效率。南水北调中线后续配套工程的建设,可以退还原本被挤占的农业用水,增强农业抵御干旱灾害的能力,提高灌溉保证率,从而促进粮食稳产增产和增效增收,提高农业用水效率。

综上所述,本研究预期南水北调工程将通过三个方面影响汉江流域粮食生产用水效率。第一,南水北调中线工程的运行减少汉江流域中下游水资源可利用量,进而影响农业用水效率;第二,南水北调中线工程实施通过节水政策或措施引导水源区节约用水,进而影响农业用水效率;第三,南水北调工程通过后续配套工程建设以保障水源区的可供水量,进而影响农业用水效率。图 2.2.2 展示了南水北调中线工程对汉江流域中下游农业用水效率的影响机理。

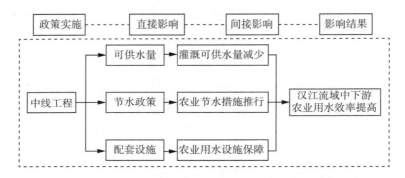

图 2.2.2 中线工程对汉江流域中下游农业用水效率的影响机理

2.2.3 农业用水安全与粮食生产能力耦合协调机制

农业水安全是指有能力为生活在本地区的人口提供充足和可靠的水供应,以满足农业生产需要,结合研究区域来看,汉江流域中下游农业用水安全受到自然降水条件、跨域调水政策、农业水旱灾害和水利防洪抗旱等四个方面的影响。粮食生产能力是指一定时期、一定地区、在一定的经济技术条件下,由各生产要素综合投入所形成的可稳定地达到一定产量的粮食产出能力,包括耕地产出能力、节水环保能力、科技服务能力和集约建设能力等。粮食生产能力由投入和产出两方面因素构成,由耕地、资本、劳动、技术等要素的投入所决定,由年度粮食总产量及单位面积产量等产出指标所表现。粮食生产能力受本地区自然系统和社会系统共同作用,主要包括自然禀赋及生产基础、节水环保水平、机械投入动力和节约集约建设。水资源作为粮食生产投入的重要因素,农业用水安全是保障粮食生产能力的重要基石,与此同时当粮食生产能力达到一定水平时也会倒逼农业用水安全管理,两者相辅相成、相互促进,最终达到二者协调有序发展。本研究将农业水资源保障、农业水旱灾害防治和农田水利基础设施建设作为评价农业用水安全的准则层,将自然资源禀赋、生产投入强度和粮食产出水平作为评价粮食生产能力的准则层,探讨农业用水安全与粮食生产能力的耦合关系(图 2.2.3)。

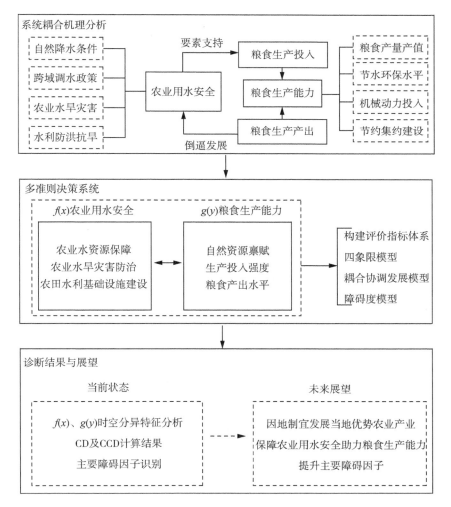

图 2.2.3　中线调水背景下汉江流域中下游农业用水安全与粮食生产能力耦合协调机制

农业用水安全能否保障粮食生产能力稳定,通过以下几个方面产生影响。

(1)农业水资源供给对粮食生产能力的影响

农业供水量与自然来水条件和水资源政策密切相关,自然来水条件主要受降水影响,水资源政策则包括节水、调水等水资源优化配置政策。当农业供水量难以满足作物需水量时,一方面,会加剧作物水分胁迫,降低土地产出能力,提高粮食生产系统的暴露性水平;另一方面,化肥施用效果对水资源具有高度依赖性,水资源短缺导致肥效发挥受阻,会加剧粮食生产波动,弱化粮食生产系统的适应能力。此外,农业用水短缺、灌溉成本高会使农民种粮收益减少,青壮年劳动力向非农产业转移,面临劳动力资源紧缺的现实困境,使"理性小农"调整种植结构、降低复种指数、减少灌溉次数,导致粮食生产系统的暴露性和敏感性上升,降低粮食生产能力。

(2)农业水旱灾害防治对粮食生产能力的影响

汉江流域中下游地区特定的地理和气候条件决定了水旱灾害多发、频发,近几年极端天气事件呈现趋多、趋频、趋广、趋强的态势,暴雨、洪涝、干旱等灾害的突发性、极端性、反常性越来越明显。比如,2020年湖北省多地发生了特大暴雨,2022年又发生了严重的旱情,多县市粮食生产因极端天气影响损失惨重。该区域存在防汛抗旱基础设施薄弱、灾害预测预警能力偏低、风险转移手段滞后及防灾减灾保障能力不足等诸多问题,严重影响着我国农业安全和粮食生产的可持续性发展。农业水旱灾害防御水平对粮食生产能力具有直接影响,通过扩大水利工程的灌溉面积,加强农田水利建设、增加旱涝保收面积,不断提高农业抵御自然灾害能力和综合生产能力,扭转汉江流域中下游水旱灾害防御的被动局面。

(3)农田水利设施建设对粮食生产能力的影响

农田水利设施为粮食生长创造了旱能灌、涝能排的种植条件,有效促进了粮食生产。农田水利建设对粮食生产的作用机制主要有:①通过增加有效灌溉面积和除涝面积来促进粮食增产。②通过防范水旱灾害和调节降水分布不均来预防粮食减产。汉江流域中下游当前发展阶段,难以通过扩张耕地面积来满足日益增长的粮食需求,只能立足现有耕地资源,改善农田水利建设,增加农林水务支出,优化粮食单产水平,进而提升粮食产量。水利设施系统越健全,越能对天然降水的时空不均进行调节,抗灾能力越强,在加大对水利基础设施的投资建设后,农业对抗与承载自然灾害的能力也将一并提高。

2.3　本章小结

　　本章首先对全书中的核心概念进行了梳理,将调水对农业用水的影响分解为"调水—粮食用水""调水—农业用水效率""调水—水粮耦合关系"三条传导路径展开分析。本章对三条传导路径的作用机制展开了详尽分析,包括调水对粮食生产用水的传导机制、调水对农业用水效率的影响机制、农业用水安全与粮食生产能力耦合协调机制,探究其内在机理并做出合理假设,为后面的章节内容提供理论框架。

第二篇

调水对粮食用水影响

南水北调中线工程的建设运行,为我国水资源跨域合理配置做出巨大贡献,也给取水地丹江口水库及汉江流域中下游造成相应的水量损失。调水导致汉江流域中下游农业灌溉可用水量缩减,作物在关键生育周期内灌溉不充分,致使极端气象条件下粮食种植收益锐减。本篇首先在明晰汉江流域中下游区域内主要粮食作物分布格局及种植面积、生长期划分、有效降水量等指标的基础上,分析不同典型年下各县市主要粮食作物灌溉需水情况。其次,在保证河道内生态、生产需水的前提下,扣除汛期难以利用的洪水量后,优先考虑满足居民生活用水,工业、建筑业和第三产业生产用水,林牧渔畜业等其他各部门用水需求,通过总量扣除法分析汉江流域中下游粮食灌溉水可供给量。再次,以调水前后不同典型年下汉江干流下游定点水文站流量实测值为依据,测算调水工程运行前、运行后不同降水频率和不同调水规模下,对粮食生产造成影响的压减水量。开展调水对粮食生产影响的分情景模拟,估算调水造成的汉江流域中下游粮食产值损失,以此作为调水对各县市粮食产区补偿标准制定的重要依据。最后,从开展补偿的必要性、补偿主客体、补偿标准设定、补偿方式选择及配套政策等方面展开相关讨论。

第三章 汉江流域中下游粮食作物灌溉需水研究

汉江流域中下游作物灌溉需水量计算是判定南水北调中线工程在不同降水情景下是否影响作物灌溉用水的首要工作。本章主要介绍了作物灌溉需水量的计算步骤和典型年下的估算结果,首先根据汉江流域中下游长系列年降水量资料确定典型年,统计作物类型并对生育期进行划分,生育期内所需的部分水由降水直接提供,降水不足的部分依靠灌溉补充,由作物生长所需水量与生长季节的有效降雨量的差额得出作物灌溉需水量,与各县市作物种植面积相乘,得出汉江流域中下游粮食作物灌溉需水值,再根据本地区灌溉水利用系数的变化预测作物灌溉毛需水量。

3.1 汉江流域中下游概况

南水北调中线工程将丹江口水库的水输送到华北地区,重点解决河南、河北、北京、天津两省两市的缺水问题,为沿线 20 多个城市的生产、生活和农业供水。调水工程实施后,除了对丹江口水库有影响外,汉江中下游地区也将受到引水工程的影响,包括可用水量短缺、极端气候条件下生产生活用水短缺、生态环境恶化、区域发展机会受限等。因此,本书将研究范围界定为汉江流域中下游湖北省境内 19 县市区(图 3.1.1)。

大规模调水对汉江流域中下游水量产生影响,进而影响到粮食生产,故本研究以汉江流域中下游湖北省境内县级区域作为研究区,具有典型性和代表性。汉江流域以其得天独厚的地理条件和资源禀赋,已成为湖北省境内工农业最发达的地区之一。汉江流域面积广阔,河道纵横,水能资源丰富。汉江流经全省多个主要支柱性工业城市,其中包括我国中部最大的工商业城市——武汉。汉江流域中下游农业生产水平在全国处于领先水平,区域内粮食生产以稻谷、冬小麦、玉米为主,经济作物以棉花、油料、麻类为主。

图 3.1.1　汉江流域中下游湖北省境内 19 县市区

3.2　典型年的选择

根据区域内降水资料确定不同保证率下的特征值,选择出不同降水情景下的代表年份。本书以年降雨量系列来选择代表年,选取湖北省境内汉江流域 19 县市区 1979—2015 年共 37 年的系列年降雨量资料,进行降水频率分析计算,利用皮尔逊Ⅲ型曲线,得到了典型年份各频率对应的年降雨量。汉江流域中下游 19 县市区年平均雨量频率分析及参数估计见表 3.2.1。

表 3.2.1　汉江流域中下游 19 县市区年平均雨量频率分析及参数估计

序号	年平均雨量(mm)	降水排频(%)	估计参数
1	1 381.50	2.63	
2	1 357.01	5.26	
3	1 308.01	7.89	
4	1 257.01	10.53	

续表

序号	年平均雨量（mm）	降水排频（%）	估计参数
5	1 228.68	13.16	
6	1 203.79	15.79	
7	1 188.19	18.42	
8	1 167.66	21.05	
9	1 123.89	23.68	
10	1 121.09	26.32	
11	1 119.08	28.95	
12	1 112.05	31.58	
13	1 105.47	34.21	样本均值
14	1 105.01	36.84	$E_x = 1\,041.30$ mm
15	1 103.92	39.47	
16	1 093.39	42.11	
17	1 088.54	44.74	
18	1 083.39	47.37	
19	1 063.79	50.00	
20	1 043.89	52.63	
21	1 029.80	55.26	变差系数 $C_V = 0.16$
22	1 029.75	57.89	
23	981.13	60.53	
24	949.69	63.16	
25	910.69	65.79	
26	906.54	68.42	
27	906.14	71.05	
28	905.12	73.68	
29	902.54	76.32	偏态系数 $C_S = 0.56$
30	891.01	78.95	
31	882.19	81.58	
32	868.56	84.21	
33	864.06	86.84	
34	833.22	89.47	
35	820.42	92.11	

序号	年平均雨量(mm)	降水排频(%)	估计参数
36	812.35	94.74	倍比系数 $C_S/C_V=3.5$
37	779.36	97.37	

以 $P=50\%$、75% 及 95% 的相应降雨量值作为平水年、干旱年及极端枯水年的设计值,选取等于或接近设计值的年份作为典型年,如果存在两年以上的实测值均接近设计值,则按照"降雨年内分配最不利"的原则,选择一年中连枯时段较长或雨量过分集中的年份作为典型年。汉江流域中下游 19 县市区年降水量排频及典型年选择见表 3.2.2。

表 3.2.2 汉江流域中下游 19 县市区降水排频下的典型年选择

	平水年	干旱年	极端枯水年
降水频率	50%	75%	95%
年降雨量(mm)	1 083.39	906.54	812.34
典型年份	2010 年	1994 年	1981 年

根据降水排频结果,选取 2010 年作为汉江流域中下游各县市平水年,降水频率 50%,年降雨量为 1 083.39 mm;选取 1994 年作为汉江流域中下游各县市干旱年,降水频率 75%,年降雨量为 906.54 mm;选取 1981 年作为汉江流域中下游各县市极端枯水年,降水频率 95%,年降水量为 812.34 mm。典型年的选择与确定,为不同降水情景下作物需水量的计算奠定了基础,利用代表年法进行灌溉需水量估算。

3.3 作物分布格局及生育期划分

3.3.1 作物分布及种植面积

汉江流域中下游土壤肥沃、气候适宜,同时粮食作物生产基础牢固,播种面积占全省 42.6%,粮食产量占全省 57.1%,是湖北省主要粮食作物"主产区"、优势经济作物"富集区"和发展现代农业"先导区"。湖北省地形地貌多样,各县市种植作物也有差别,汉江流域中下游的主要粮食作物包括冬小麦、早稻、中稻、晚稻、玉米和大豆,除江汉平原区外,汉江中下游地区均为单季稻区,种植中稻(图3.3.1)。

西北部(房县、神农架林区、保康县、谷城县)以旱作物种植为主,主要作物类型为玉米和冬小麦。其中,神农架林区玉米占区域作物种植面积七成以上,自然降水可以较大程度地满足作物需水。

北部地区(老河口市、南漳县、襄阳市区、枣阳市、宜城市)灌溉条件受地形限制,仍以旱作为主。从西向东,冬小麦的种植比例逐渐增加,玉米的种植比例逐渐下降,中稻普遍种植。

中部地区(荆门市区、钟祥市、沙洋县、京山市)是旱作和水田作物组合种植区。该区灌溉条件较好,从北到南中稻种植面积比例逐渐增加。

东南部地区(天门市、潜江市、应城市、汉川市、仙桃市、武汉市)为江汉平原的组成部分,地势平坦,水系发达,灌溉条件优越。该区旱作农业以冬小麦为主;多县市可以种植三季稻,早稻和晚稻的种植比例增加显著。

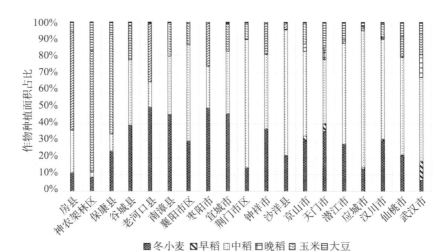

图3.3.1　汉江流域中下游各县市作物种植结构

3.3.2　作物生育期划分

汉江流域常态地貌包括山地、丘陵、平原,上游以山地、丘陵为主,地势高、起伏大;中下游以平原为主,地势低洼,地形平坦。汉江流域中下游属于亚热带湿润季风气候区,农业生态系统具有多样性和复杂性的特征。由于降水充沛和地形起伏,流域内水系发达。区域内西北部为山地地形,海拔高、河

道短，以雨养型农业为主；中部和东南部平原河网密布，以"雨养＋灌溉"农业
为主①。汉江流域主要粮食作物的播种时间和生长周期受地形和天气状况的
影响，从平原到丘陵到山地，播种期和收获期的最大差异在两周左右，生育期的
长度差异最大也可达一个月。本书选取汉江流域中下游19县市区主要粮食作
物生育周期的平均时段，便于后文进行计算分析，区域内主要粮食作物生育周
期见表3.3.1。

表3.3.1　汉江流域中下游主要粮食作物生育周期

作物	生育期平均长度（天）	生育阶段					
		出苗期	分蘖期	拔节期	抽穗/孕穗期	灌浆期	成熟期
冬小麦	250	9月中—10月	10月—12月中	12月中—次年3月	3月—4月	4月—5月中	5月中—6月
早稻	135	4月	5月	6月	7月初—7月中	7月中—8月中	8月中—8月底
中稻	130	5月	6月	7月	8月初—8月中	8月中—9月中	9月中—9月底
晚稻	135	6月	7月	8月	9月	10月	11月
玉米	145	6月	7月	8月初—8月中	8月中—8月末	9月	10月
大豆	95	6月初—6月中	6月中—6月下	7月初—7月中	7月中—8月末	8月中—8月末	9月

3.4　不同典型年下作物需水及有效降雨量

3.4.1　作物生长及其分生育期内需水

作物需水量是指在适宜的土壤水分和肥力条件下，作物正常发育获得高
产后植株蒸腾、棵间蒸发构成植株体的水量总和。植株蒸腾量及棵间蒸发量
所耗水量之和亦即作物需水量（Water Requirement of Crops），蒸腾发量的大

---

① 王乐. 汉江中下游地区水资源优化配置研究[D]. 武汉：武汉大学，2017.

小及改变,视气象条件、作物特性、土壤性质及农业技术措施而定[①]。作物全生育周期内的需水量可以看作是不同生育阶段内作物蒸腾发的累加值,而各生育阶段内作物蒸腾发量可通过 ET_0 和各生育阶段的作物系数(K_c)得到,公式如下:

$$CWR = 10\sum_{c=1}^{n}(ET_c A_c) = 10\sum_{c=1}^{n}(ET_0 K_c A_c) \qquad (3-1)$$

式中：CWR 为作物全生育期需水量(m^3/a)；K_c 为相应的作物系数；ET_0 为作物生育期内的参考作物蒸腾发量(mm/d)；ET_c 为作物生育期内的蒸腾发量(mm/d)；A_c 为作物种植面积；c 为作物种类；10 为量纲转换因子。

联合国粮农组织(Food and Agriculture Organization of the United Nations，FAO)在其发布的《作物需水量计算指南 FAO-56》(以下简称 FAO-56)中,将作物需水量在充分供水条件下采用的作物需水量计算公式规定为

$$ET_c = K_c ET_0 \qquad (3-2)$$

本书选取标准化、统一化后的 FAO 彭曼公式计算参考作物需水量(ET_0):

$$ET_0 = \frac{0.408\delta(R_n - G) + \gamma\dfrac{900}{T+273}U_2(e_s - e_a)}{\delta + \gamma(1 + 0.34u_2)} \qquad (3-3)$$

式中：ET_0 为参考作物需水量(mm/d)；R_n 为作物表面的净辐射量 $MJ/(m^2 \cdot d)$；G 为土壤热通量 $MJ/(m^2 \cdot d)$；T 为 2m 高处的平均气温(℃)；U_2 为 2 m 高处的平均风速(m/s)；e_s 为饱和水汽压(kPa)；e_a 为实际水汽压(kPa)；δ 为饱和水汽压与温度曲线的斜率(kPa/℃)；γ 为干湿表常数(kPa/℃)。

作物系数 K_c 一般通过田间试验获取,本书从 FAO-56 报告中获取其标准作物系数,并根据所在地区对系数做适当调整如表 3.4.1 所示,其中 Kc_{ini}、Kc_{mid} 和 Kc_{end} 分别代表作物初、中、后期各阶段内平均作物系数,汉江流域中下游主要粮食作物生育期需水系数 K_c 见表 3.4.1,表 3.4.2 是汉江流域中下游主要粮食作物不同保证率下全生育期需水量。

---

① ALLEN R G, PEREIRA L S, RAES D, et al. Crop evapotranspiration—Guidelines for computing crop water requirements—FAO irrigation and drainage paper 56[M]. Rome：FAO—Food and Agriculture Organization of the United Nations，1998：152-223.

表 3.4.1 汉江流域中下游主要粮食作物生育期需水系数 K_c

	Kc_{ini}	Kc_{mid}	Kc_{end}
冬小麦	0.72	1.16	0.41
水稻	1.02	1.18	0.62
玉米	0.20	1.21	0.35
大豆	0.42	1.14	0.56

表 3.4.2 汉江流域中下游主要粮食作物不同保证率下全生育期需水量[①]　　mm

	50%	75%	95%
冬小麦	475.29	447.84	474.19
早稻	545.65	626.90	665.00
中稻	563.53	661.55	688.34
晚稻	560.16	603.65	623.47
玉米	440.98	498.98	510.54
大豆	289.61	316.31	319.97

区域内主要粮食作物在全生育期内对水分的需求总量存在较大差异,其中需水量最大的粮食作物是中稻,需水量最小的粮食作物是大豆。不同的作物生长所需的水分不同,在不同的生育期内所需水分的比例也不相同,因此不仅需考虑作物全生育期的需水量,还需要考虑同一作物不同生育阶段的需水量差异。本书参考汉江流域主要粮食作物各生育期需水比例已有相关研究成果(表3.4.3),计算出各作物各生育阶段内保证正常生长的需水量理论值(表3.4.4)。

表 3.4.3 汉江流域主要粮食作物各生育期内需水比率　　%

作物	生育阶段					
	出苗期	分蘖期	拔节期	抽穗/孕穗期	灌浆期	成熟期
冬小麦	5	14.4	19.2	25.3	24.3	11.8
水稻	16.7	27	22.3	9	8	17
玉米	9	—	31	33	22	5
大豆	12.5	20.56	—	28.36	25.19	13.4

---

① 周蕊蕊. 中国主要粮食作物需水满足度时空特征分析[D]. 武汉:华中师范大学,2014.

表 3.4.4　汉江流域主要粮食作物各生育期内的需水量　　　　　　mm

作物	生育阶段																	
	出苗期			分蘖期			拔节期			抽穗/孕穗期			灌浆期			成熟期		
	50%	75%	95%	50%	75%	95%	50%	75%	95%	50%	75%	95%	50%	75%	95%	50%	75%	95%
冬小麦	23.8	22.4	23.7	68.4	64.5	68.3	91.3	86.0	91.0	120.2	113.3	120.0	115.5	108.8	115.2	56.1	52.8	56.0
早稻	91.1	104.7	111.1	147.3	169.3	179.6	121.7	139.8	148.3	49.1	56.4	59.9	43.7	50.2	53.2	92.8	106.6	113.1
中稻	94.1	110.5	115.0	152.2	178.6	185.9	125.7	147.5	153.5	50.7	59.5	62.0	45.1	52.9	55.1	95.8	112.5	117.0
晚稻	93.5	100.8	104.1	151.2	163.0	168.3	124.9	134.6	139.0	50.4	54.3	56.1	44.8	48.3	49.9	95.2	102.6	106.0
玉米	39.7	44.9	45.9	—	—	—	136.7	154.7	158.3	145.5	164.7	168.5	97.0	109.8	112.3	22.0	24.9	25.5
大豆	36.2	39.5	40.0	59.5	65.0	65.8	82.1	89.7	90.7	73.0	79.7	80.6	—	—	—	38.8	42.4	42.9

3.4.2　有效降雨量

农业用水领域内,有效降雨量的定义为降水中能够满足作物蒸腾发的量值,即切实补充到植物根层土壤中的净水量[①]。有效降雨量与气象、土壤、地形和耕作制度有关,是作物灌溉制度、灌溉排水规划和灌溉用水管理的重要基础。由于有效降雨量在实际生活中不容易获取,所以本书采用降雨的经验有效利用系数来估算,即

$$P_e = \alpha P \tag{3-4}$$

式中:P 为实际降水量(mm/d);P_e 为有效降雨量(mm/d);α 为降雨的经验有效利用系数。当 $P < 3$ mm 时,$\alpha = 0$;当 3 mm $< P < 50$ mm 时,$\alpha = 1$;当 50 mm $< P < 150$ mm 时,$\alpha = 0.8$;当 $P > 150$ mm 时,$\alpha = 0.70$。降水数据取自湖北省境内汉江流域中下游 19 县市区各气象监测点 1979—2015 年共 37 年各月降雨量资料,取 19 县市区月降雨平均值作为汉江流域中下游降雨量,得出汉江流域中下游不同典型年月平均实测降雨量及有效降雨量(表 3.4.5)。

---

① 胡玮,严昌荣,李迎春,等.气候变化对华北冬小麦生育期和灌溉需水量的影响[J].生态学报,2014,34(9):2367-2377.

表 3.4.5　汉江流域中下游不同典型年月平均实测降雨量及有效降雨量　　mm/月

月份	50％降水频率		75％降水频率		95％降水频率	
	实测降雨量	有效降雨量	实测降雨量	有效降雨量	实测降雨量	有效降雨量
1 月	18.78	18.78	18.03	18.03	28.52	28.52
2 月	29.83	29.83	48.32	48.32	45.37	45.37
3 月	98.25	78.60	44.39	44.39	69.91	55.93
4 月	102.40	81.92	108.12	86.50	103.30	82.64
5 月	130.68	104.54	67.77	54.22	34.32	34.32
6 月	96.72	77.38	125.82	100.66	120.54	96.43
7 月	272.41	190.69	138.99	111.19	56.13	44.90
8 月	117.02	93.62	138.83	111.06	113.70	90.96
9 月	116.10	92.88	77.61	62.09	60.30	48.24
10 月	68.35	54.68	42.50	42.50	121.84	97.47
11 月	16.04	16.04	55.19	44.15	70.69	56.55
12 月	16.82	16.82	43.95	43.95	4.75	4.75

3.5　不同典型年下作物灌溉毛需水量测算

灌溉实际需水量又称作物缺水量,是作物理论需水量值扣除有效降雨量之后的作物需水,公式如下:

$$W = ET_c - P_e \qquad (3-5)$$

若 $W = 0$,表示水分供需平衡;若 $W > 0$,表示作物缺水,需要补充灌溉;若 $W < 0$,表示作物不再需要额外灌溉水补充。结合汉江流域中下游各县市主要粮食作物生育期及需水情况,计算各主要粮食作物分生育周期灌溉需水。灌溉需水量由各作物不同生育阶段内需水量理论值和该阶段内可以满足其生长的部分有效降雨量之差得到,如果该阶段内所需水量低于有效降雨量,则不需要对其进行额外灌溉,各生育阶段灌溉需水量 I_r 为各生育阶段中补充灌溉水量之和[①]。

---

① BROUWER C, HEIBLOEM M. Irrigation water management: irrigation water needs, irrigation water management training manual No. 3[Z]// Food and Agriculture Organization of the United Nations, 1986:63-68.

通过作物需水量与有效降雨量的差值计算不同降水情景下汉江流域 19 县市区作物全生育周期灌溉需水量,与汉江流域中下游各县市不同作物种植面积(表 3.5.1)相乘可计算得出,汉江流域中下游各县市作物在降水频率 50% 的情景下农业灌溉需水量为 15.6 亿 m³,75% 时农业灌溉需水量为 27.5 亿 m³,95% 时农业灌溉需水量为 40.5 亿 m³,汉江流域中下游作物分生育周期灌溉需水量与 19 县市区作物灌溉需水量分别见表 3.5.2 和表 3.5.3。在得出作物灌

表 3.5.1　2019 年汉江流域中下游各县市区主要粮食作物种植面积[①]　×10³ hm²

地区	冬小麦	早稻	中稻	晚稻	玉米	大豆
房县	2.14		4.78		11.16	1.11
神农架林区	0.27		0.10		2.23	0.55
保康县	5.61		2.36		13.84	1.76
谷城县	16.94		16.62		8.93	0.85
老河口市	33.4		10.03		23.55	0.57
南漳县	34.07		25.49		15.03	0.31
襄阳市区	22.14		41.42		10.03	0.17
枣阳市	97.01		48.31		51.42	0.51
宜城市	45.08		36.10		16.61	0.73
荆门市区	6.37		33.85		4.17	0.44
钟祥市	56.27		66.34		28.93	0.44
沙洋县	24.59	0.34	86.34	0.39	4.47	0.44
京山市	32.58	3.78	54.88	4.89	14.13	0.44
天门市	55.03	7.43	58.30	8.21	3.06	23.06
潜江市	27.45	0.10	58.67		2.18	10.09
应城市	6.80	0.58	40.80	0.66	0.69	1.19
汉川市	23.81	0.79	47.16	1.12	5.82	1.04
仙桃市	24.05	0.52	65.22	0.63	13.29	9.61
武汉市	9.55	15.55	68.56	18.54	18.09	8.92

[①]《湖北农村统计年鉴》编辑委员会. 湖北农村统计年鉴(2020)[M]. 北京:中国统计出版社,2020.

溉净需水量后,还需要结合本地区农田灌溉水有效利用系数计算作物灌溉毛需水量。农田灌溉水有效利用系数是衡量从水源取水到田间作物吸收利用过程灌溉水利用程度的一个重要指标,是反映一个地区灌溉工程现状、农业用水管理水平、灌溉技术水平的基础数据,是《中华人民共和国国民经济和社会发展第十四个五年规划和 2035 年远景目标纲要》《实行最严格水资源管理制度考核办法》以及《生态文明建设目标评价考核办法》的重要指标之一,依据《湖北省种植业发展"十四五"规划》和区域实际情况,将汉江流域中下游地区农田灌溉水有效利用系数在基准年、2030 年、2040 年分别设为 0.545、0.58 和 0.65(图 3.5.1)。

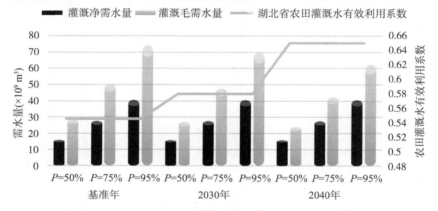

图 3.5.1　汉江流域中下游不同降水频率下作物灌溉毛需水量和净需水量

3.6　本章小结

选取湖北省境内汉江流域 19 县市区 1979—2015 年的降雨量资料进行降水频率分析计算,利用皮尔逊Ⅲ型曲线进行配线,取降水频率 $P=50\%$、75% 和 95% 的降雨量值所对应的年份作为平水年(2010 年)、枯水年(1994 年)和干旱年(1981 年)三种典型年。根据现有资料对汉江流域中下游粮食作物分布格局及种植面积进行统计分析,利用 P-M 公式计算流域内参考作物需水量,全生育期内需水量最大和最小的作物分别为中稻和大豆,平水年内折算为地表径流深分别为 563.63 mm 和 289.61 mm。各生育阶段内作物需水量与有效降雨量的差值为作物该阶段的灌溉需水量,结合各县市作物种植面积相乘得出,汉江流域中下游各县市作物在降水频率 $P=50\%$ 的情景下灌溉需水量为 15.6 亿 m³,$P=75\%$ 时农业灌溉需水量为 27.5 亿 m³,$P=95\%$ 时农业灌溉需水量为 40.5 亿 m³。

表 3.5.2　汉江流域中下游作物灌溉需水量

单位：mm

生育阶段	保证率																	
	冬小麦			早稻			中稻			晚稻			玉米			大豆		
	50%	75%	95%	50%	75%	95%	50%	75%	95%	50%	75%	95%	50%	75%	95%	50%	75%	95%
出苗期	0	0	0	9.18	18.2	28.46	0	56.28	80.68	16.12	0.14	7.67	0	0	0	0	0	0
分蘖期	35.54	0	7	42.76	115.08	145.28	74.82	77.94	80.47	0	51.81	123.4	0	0	0	0	0	0
拔节期	25.87	0	12.36	44.32	39.14	51.87	0	36.31	108.6	32.08	36.44	62.54	43.08	43.64	67.34	0	0	45.8
抽穗/孕穗期	41.6	68.91	64.07	0	0	0	0	0	0	0	0	6.86	51.88	53.64	77.54	0	0	0
灌浆期	0	0	0	0	0	0	0	0	0	79.16	10.4	0	4.12	47.71	64.06	0	0	0
成熟期	0	0	0	0	0	22	0	0	6.86	0	58.45	49.45	0	0	0	0	0	0
全生育期	103.01	68.91	83.43	96.26	172.42	247.75	74.82	170.53	285.61	127.36	157.24	249.92	99.08	144.99	208.94	0	0	45.8

表 3.5.3　汉江流域中下游 19 县市区作物灌溉需水量

单位：m³

地区	降水频率																	
	冬小麦			早稻			中稻			晚稻			玉米			大豆		
	50%	75%	95%	50%	75%	95%	50%	75%	95%	50%	75%	95%	50%	75%	95%	50%	75%	95%
房县	1 705 794	2 058 466	2 517 603	0	0	0	3 576 396	9 196 003	15 264 930	0	0	0	21 505 320	28 575 180	33 468 840	230 991	541 402.5	1 093 405.5
神农架林区	215 217	259 713	317 641.5	0	0	0	74 820	192 385	319 350	0	0	0	4 297 210	5 709 915	6 687 770	114 455	268 262.5	541 777.5
保康县	4 471 731	5 396 259	6 599 884.5	0	0	0	1 765 752	4 540 286	7 536 660	0	0	0	26 669 680	35 437 320	41 506 160	366 256	858 440	1 733 688
谷城县	26 623 140	32 127 460	19 929 063	0	0	0	12 435 084	31 974 387	53 075 970	0	0	0	17 208 110	22 865 265	28 781 070	176 885	414 587.5	837 292.5
老河口市	27 157 197	32 771 933	39 293 430	0	0	0	7 504 446	19 296 215.5	32 030 805	0	0	0	45 380 850	60 299 775	70 626 450	118 617	278 017.5	561 478.5
南漳县	17 647 794	21 296 466	40 081 651.5	0	0	0	19 071 618	49 038 936.5	81 402 315	0	0	0	28 962 810	38 484 315	45 074 970	64 511	151 202.5	305 365.5
襄阳市区	77 326 671	93 313 919	26 046 603	0	0	0	30 990 444	79 685 867	132 274 770	0	0	0	19 327 810	25 681 815	30 079 970	35 377	82 917.5	167 458.5
枣阳市	35 933 268	43 362 452	114 127 414.5	0	0	0	36 145 542	92 941 193.5	154 277 985	0	0	0	99 086 340	131 660 910	154 208 580	106 131	248 752.5	502 375.5

续表

地区	降水频率																	
	冬小麦			早稻			中稻			晚稻			玉米			大豆		
	50%	75%	95%	50%	75%	95%	50%	75%	95%	50%	75%	95%	50%	75%	95%	50%	75%	95%
宜城市	5 077 527	6 127 303	53 034 366	0	0	0	27 010 020	69 450 985	115 285 350	0	0	0	32 007 470	42 529 905	49 813 390	151 913	356 057.5	719 086.5
荆门市区	5 077 527	6 127 303	7 493 986.5	0	0	0	25 326 570	65 122 322.5	108 099 975	0	0	0	8 035 590	10 677 285	12 505 830	91 564	214 610	433 422
钟祥市	44 852 817	54 126 113	66 198 841.5	0	0	0	49 635 588	127 628 209	211 856 790	0	0	0	55 748 110	74 075 265	86 761 070	91 564	214 610	433 422
沙洋县	19 600 689	23 653 121	28 928 905.5	483 650	762 603	1 124 312	64 599 588	166 105 209	275 726 790	496 704	613 236	974 688	8 613 690	11 445 435	13 405 530	91 564	214 610	433 422
京山市	25 969 518	31 338 702	38 328 741	5 377 050	8 478 351	12 499 704	41 061 216	105 580 888	175 259 036	6 227 904	7 689 036	12 221 088	27 228 510	36 179 865	42 375 870	91 564	214 610	433 422
天门市	43 864 413	52 933 357	64 740 043.5	10 569 175	16 665 118.5	24 569 524	43 896 894	112 872 279.5	186 181 050	10 456 256	12 909 404	20 518 432	5 896 620	7 835 130	9 176 940	4 798 786	11 247 515	22 715 253
潜江市	21 880 395	26 404 155	32 293 552.5	142 250	224 295	330 680	30 526 560	78 493 080	130 294 800	0	0	0	4 200 860	5 581 890	6 537 820	2 099 729	4 921 397.5	9 939 154.5
应城市	5 420 280	6 540 920	7 999 860	825 050	1 300 911	1 917 944	35 285 112	90 728 766	150 605 460	840 576	1 037 784	1 649 472	1 329 630	1 766 745	2 069 310	247 639	580 422.5	1 172 209.5
汉川市	18 978 951	22 902 839	28 011 274.5	1 123 775	1 771 930.5	2 612 372	48 797 604	125 473 497	208 280 070	1 426 432	1 761 088	2 799 104	11 215 140	14 902 110	17 454 180	216 424	507 260	1 024 452
仙桃市	19 170 255	23 133 695	28 293 622.5	739 700	1 166 334	1 719 536	51 296 592	131 889 156	218 946 360	802 368	990 612	1 574 496	25 609 830	34 029 045	39 856 710	1 999 841	4 687 277.5	9 466 330.5
武汉市	7 612 305	9 186 145	11 235 097.5	22 119 875	34 877 872.5	51 420 740	131 899 156			23 612 544	29 152 296	46 335 168	34 859 430	46 319 445	54 251 910	1 856 252	4 350 730	8 786 646
灌溉需水量合计	4.09×10^{8}	4.93×10^{8}	6.15×10^{8}	4.14×10^{7}	6.52×10^{7}	9.62×10^{7}	5.73×10^{8}	1.47×10^{9}	2.44×10^{9}	4.39×10^{7}	5.42×10^{7}	8.61×10^{7}	4.77×10^{8}	6.34×10^{8}	7.43×10^{8}	1.30×10^{7}	3.04×10^{7}	6.13×10^{7}

第四章　调水对汉江流域中下游粮食作物灌溉可供水影响分析

确定不同降水情景和不同调水规模下汉江流域中下游粮食作物灌溉可供水损失量,是判定南水北调中线调水是否对汉江流域中下游粮食作物灌溉用水造成影响的依据,从中识别对粮食产量造成影响的降水情景和调水规模。本章首先利用仙桃水文站不同降水情景下实测流量值,通过扣损法对汉江流域中下游可供水量进行了估算;以《汉江流域水资源综合规划成果》为基础,根据汉江中下游地区的城市化进程、经济发展状况及实际用水水平动态调整,预估规划年内区域城乡居民生活用水、工业用水和林牧渔畜业用水规模;选取调水后汉江流域中下游代表控制断面流量变化实测数据,预估不同调水规模下汉江流域中下游可供水量,在优先保障居民生活、生产用水和生态用水的基础上,得出不同降水情景和不同调水规模下工程运行对汉江流域中下游粮食作物灌溉可供水损失量的影响。

4.1　汉江流域中下游地表水资源可利用量

计算地表水资源可利用量方法包括:(1)地表水总量扣除无法利用或必须预存的水量,即扣损法;(2)根据区域内大中型水利工程运行现状,采用时历法或典型性年份法计算某一降水频率的地表水资源,但计算过程涉及与大中型水利工程有关的数据不易获取。因此,本书采用扣损法进行计算,以地表水总量为基础,保证河道内生态、生产需水后,扣除汛期不可利用水量,得出地表水资源可利用量。地表水资源可利用量计算概化模式如图 4.1.1 所示,但需明确在实际计算过程中,并不是图表中的所有项目都可以进行准确估值,可以结合实际情况对部分计算项进行合理的假设处理。

仙桃水文站位于汉江下游,且水文数据资料记录周期完整、内容翔实、便于获取。选用汉江下游仙桃水文站监测点 1979—2016 历年天然来水量资料,估算汉江流域中下游地表水资源总量,再从地表水资源总量中扣除最小河道生态环境

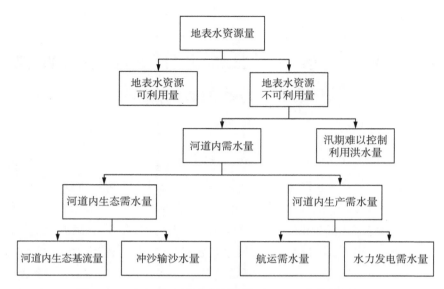

图 4.1.1　汉江中下游地表水资源可利用量计算概化模式

需水量和汛期难以控制利用洪水量,计算出不同降水情景下汉江流域中下游地表水资源可利用量。在降水频率50%、75%和95%的情景下,仙桃水文站年实测径流即地表水资源量分别为 405 亿 m³、305 亿 m³ 和 223 亿 m³(表 4.1.1)。

表 4.1.1　不同情景下丹江口水库下游水文站点实测年径流量　　　　　　亿 m³

降水频率	襄阳站	皇庄站	仙桃站
50%	412	505	405
75%	310	381	305
95%	228	278	223

4.1.1　河道内生态需水量

生态环境需水量与社会经济发展密切相关,是生态建设和工程规划的依据,主要包括维护河道基本功能的需水量、江河湖泊、沼泽湿地和河口生态环境的需水量[①]。根据流域生态环境需水特征及自然条件,采用下列 3 种方法估算汉江流域中下游河道内生态环境需水量。

---

① 崔瑛,张强,陈晓宏,等.生态需水理论与方法研究进展[J].湖泊科学,2010,22(4):465-480.

①取流域平均年径流量固定比例的百分数作为最小生态环境需水量,本书中取 25% 作为汉江流域中下游河流最小生态需水量[①]。

$$W_r = \frac{1}{n}(\sum_{i=1}^{n} W_i) \times K \tag{4-1}$$

式中:W_r 为流域最小生态环境需水量;W_i 为第 i 年的流域地表水资源总量;K 为选取的百分数;n 为统计年数。

②根据过去 10 年各年中径流量最小月的平均值,计算多年平均最小生态需水量。

$$W_r = 12 \times \text{Min}(W_{ij}) \tag{4-2}$$

式中:W_r 为河流最小生态环境需水量;$\text{Min}(W_{ij})$ 为过去 10 年各年中径流量最小月径流量平均值。

③根据降水频率 90% 情景下的最小月平均径流量值,计算多年平均最小生态需水量。

$$W_r = 12 \times \text{Min}(W_{ij})_{P=90\%} \tag{4-3}$$

式中:W_r 为河流最小生态环境需水量;$\text{Min}(W_{ij})_{P=90\%}$ 为降水频率 90% 情景下的最小月平均径流量值。

上述方法计算的汉江中下游典型站点控制断面河道内生态环境需水量成果见表 4.1.2。

表 4.1.2　仙桃站控制断面不同情景下河道内生态环境需水量

站点控制断面		仙桃站		
不同情景		50%	75%	95%
年均径流量(亿 m³)		405	305	223
河道内生态环境需水量(亿 m³)	方法 1	101.25	76.25	55.75
	方法 2	104.52	78.24	55.8
	方法 3	79.44	52.44	46.08
平均值(亿 m³)		95.07	68.98	52.54

---

①　李紫妍,刘登峰,黄强,等. 基于多种水文学方法的汉江子午河生态流量研究[J]. 华北水利水电大学学报(自然科学版),2017,38(1):8-12.

4.1.2 河道内生产需水量

生产需水主要包括河道内水力发电、航运、水产养殖等生产活动所耗水量，一般不对总体水量产生消耗，但需保证河道内预留满足生产的最低额度水量。根据已有资料，汉江下游襄樊至汉口江段为Ⅳ级航道，航运需水量 200～340 m³/s，本书经分析后取平均值 85.1 亿 m³，此部分不纳入用水总量，但需设为本区域供水最低线阈值。水力发电过程中消耗的水量也不必单列扣除，汉江流域拥有丰富的水资源，河道内预留的生态需水量基本可以满足发电需求，只需结合河道内总需水量综合考虑。

4.1.3 汛期难以利用的洪水量

以每年月最大流量与多年月平均流量之比为基准来确定弃水系数。弃水系数与汛期水量的乘积即为汛期弃水，一般汛期水量越大，难以控制利用的水量就越大，弃水比重越高，年内的分布就越不均匀。本书参考已有研究成果，选取 4—10 月为汉江流域最小月汛期量，采用最大流量与最小流量之比确定汛期弃水系数（表 4.1.3）。在降水频率 50%、75% 和 95% 的来水条件下，估算不同情景下汛期难以控制的洪水量分别为 38.3 亿 m³、81.1 亿 m³ 和 52.7 亿 m³[①]（表 4.1.4）。

表 4.1.3 汛期下泄洪水弃水系数

倍比值	1～2	2～3	3～4	4～5	5～6	6～7	>7
弃水系数	0.15	0.35	0.45	0.55	0.65	0.75	0.80

表 4.1.4 不同情景下汛期洪水弃水量

降水频率	倍比值	弃水系数	汛期水量(亿 m³)	弃水总量(亿 m³)
50%	1.83	0.15	255	38.3
75%	2.2	0.35	232	81.1
95%	2.21	0.35	151	52.7

① 窦明,于璐,杨好周,等.中线调水对汉江下游水资源可利用量影响研究[J].中国农村水利水电,2016(3):34-37＋42.

4.1.4　不同降水情景下地表水资源可利用量

根据上游来水、工程供水和水资源可利用情况等因素的综合,通过流域下游水文站点实测得出不同降水情景下汉江流域中下游地表水资源总量,扣除河道内生态环境需水、汛期难以利用的洪水量,同时保证河道航运、发电的最低水量,可以得到汉江流域中下游地表水资源可利用总量在降水频率50%、75%及95%的来水条件下分别为271.63亿 m³、154.92亿 m³ 和 117.76亿 m³(表4.1.5)。

表 4.1.5　汉江流域中下游地表水资源可利用量

不同保证率	50%	75%	95%
汉江流域中下游地表水资源总量(亿 m³)	405	305	223
河道内生态环境需水量(亿 m³)	95.07	68.98	52.54
汛期难以控制的洪水量(亿 m³)	38.3	81.1	52.7
汉江流域中下游地表水资源可利用总量(亿 m³)	271.63	154.92	117.76

4.2　汉江流域中下游其他各产业用水部门需水预测

对研究区域内未来其他各产业用水部门的水资源需求量进行合理有效的预测,是得出农业灌溉可供水量的前提。现存汉江流域水资源综合规划成果距今已超过 20 年,规划中以 2000 年为基准年,将 2010 年、2020 年、2030 年作为规划水平年,至今流域内生产、生活需水量已经发生了显著变化。为使预测结果更贴近实际,应根据汉江中下游地区的城市化进程、经济发展状况及实际用水水平,以《汉江流域水资源综合规划成果》及《2021 年湖北省水资源公报》中的数据为基础,对基准年 2010 年的用水指标及定额进行调整和修正,本书将 2020 年、2030 年、2040 年分别设定为现状年、近景规划年和远景规划年,用指标分析法计算出各行业的需水量,进而预测汉江流域中下游地区不同规划年下其他各产业的需水量,为变化环境下的粮食灌溉水供需分析评价提供支持。

汉江流域中下游 19 县市区均包含在汉江中下游干流供水范围内,供水区的内容主要包括河道外生产用水和河道内用水,其中河道内生态及生产用水量计算已在上节中做出详细说明,按照用水保障优先度原则,河道外用于城市环境美化、生态维护的水量本书未纳入计算范围。本节将除粮食作物灌溉外其余汉江流域河道外生产用水部门作为研究对象,主要涉及城镇和农村生活用水、工业用水、林牧渔畜用水。

河道内生态环境的需水量已在上一节汉江流域中下游可用水资源总量中扣除。因此,本节内容着重关注城镇及农村居民生活用水、工业用水和农业中的林牧渔畜业用水量的估计值,为后文中预估汉江流域中下游粮食灌溉供水的损失量做铺垫。考虑到生活和工业及林牧渔畜业用水受降水丰枯变化影响较小,且已有资料中汉江流域各县市分部门用水预测基础数据较为完整,本书对现状年和规划年的用水指标及定额进行校核和修正,采用定额法进行各部门需水量预测。

4.2.1 生活需水量预测

城乡居民生活需水定额预测,主要包括人口数量和人均用水定额预测两部分。应先根据汉江流域中下游各县市城镇化率和城乡人口数量变化趋势,预测远近景规划年下城乡居民用水人口数量,再根据《汉江流域综合规划报告》给定的居民人均定额用水量,结合现实情况进行复核与调整。计算公式如下:

$$W_{Ii,t}^{i} = W_{Ii1,t}^{i} + W_{Ii2,t}^{i} \tag{4-4}$$

$$W_{Ii1,t}^{i} = P_{ci,t}^{i} \cdot Q_{ci,t}^{i} \cdot 365/1\,000 \tag{4-5}$$

$$W_{Ii2,t}^{i} = P_{co,t}^{i} \cdot Q_{co,t}^{i} \cdot 365/1\,000 \tag{4-6}$$

$$P_{t}^{i} = P_{0}^{i} \cdot (1 + \varepsilon_{i})^{t} \tag{4-7}$$

式中:$W_{Ii,t}^{i}$ 为规划水平年汉江流域中下游第 i 县市生活需水量(m^3);$W_{Ii1,t}^{i}$、$W_{Ii2,t}^{i}$ 分别为规划水平年汉江流域中下游第 i 县市城镇和农村居民生活需水量(m^3);$P_{ci,t}^{i}$、$P_{co,t}^{i}$ 分别为规划年下汉江流域中下游第 i 县市城镇和农村人口(人);$Q_{ci,t}^{i}$、$Q_{co,t}^{i}$ 分别为规划年下汉江流域中下游第 i 区城镇和农村居民生活用水定额[L/(人·d)];P_{t}^{i}、P_{0}^{i} 分别为规划年和基准年汉江流域中下游第 i 县市的总人口(人);ε_{i} 为人口增长率(%)。

根据《汉江流域综合规划报告》中汉江流域中下游各县市 2010 年城乡居民生活定额水量,综合考虑多年来额度变化情况同时参考其他文献资料,对基准年2020年各县市所属的市级行政区用水定额量进行调整,并预估规划年2030年、2040年浮动情况,其中天门、潜江、仙桃、武汉四地居民生活用水定额数值最高,十堰、神农架和襄樊三地居民生活用水定额数值最低,这与当地人口数量及分布密度、经济发展水平、产业结构等因素均密切相关。2020年,汉江流域中下游19县市区城市居民生活用水定额平均值为150.8 L/(人·d),农村为82 L/(人·d),2040年分别增加至178.2 L/(人·d)和101.2 L/(人·d)。

　　汉江流域中下游19县市区城镇化率及城乡人口预测以《湖北省城镇化与城镇发展战略规划(2012—2030)》为依据并与湖北省产业规划相协调,对其值进行合理调整。2020年汉江流域中下游地区人口总量达1 543万人,综合考虑区域内近年来各县市公布的经济社会发展公报数据和近10年来城镇化发展速度,对汉江流域中下游各县市城镇化率和城乡人口进行远景规划年下的估算,其中城镇化水平最高的县市是荆门市区和武汉市,城镇化水平最低的县市是襄阳市区和应城市。利用城镇化率估算规划年内汉江流域中下游各县市城市和农村人口,与用水定额共同确定该县市居民生活用水需水总量(图4.2.1)。

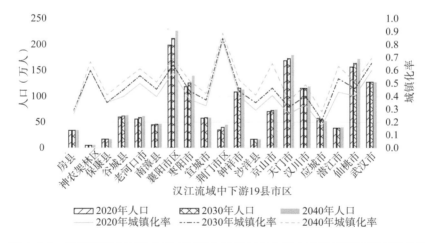

图4.2.1　汉江流域中下游各县市基准年及规划年内总人口及城镇化率预估变化

　　汉江流域中下游居民生活需水量预估值在基准年、规划近景年和规划远景年下分别为6.46亿m³、7.27亿m³和8.58亿m³,由于居民生活水平不断提高和人口数量的不断增加,在规划远近景年份中,居民生活对水的需求都高于现状水平年份,其中城市生活用水在现状水平年、规划近景年和规划远景年下分别为 3.77 亿 m³、4.48 亿 m³ 和 5.76 亿 m³,农村生活用水在现状水平年、规划近景年和规划远景年下分别为 2.69 亿 m³、2.79 亿 m³ 和 2.82 亿 m³。

4.2.2 生产需水量预测

本书对汉江流域中下游生产需水的预测,主要包含工业、建筑业和第三产业用水。

工业需水量弹性系数是指工业需水量增长率与工业年产值增长率之间的比值。工业需水量增长率可根据需水量弹性系数计算,再分析趋势变化确定工业需水量,主要包括以下几项工作:(1)根据历史数据统计汉江流域中下游各县市工业产值增长率和工业用水增长率;(2)计算两者比值,确定工业用水弹性系数;(3)确定区域内各县市工业产值增长率;(4)计算未来工业用水增长率;(5)根据趋势变化预估各县市工业生产需水量。本书采用万元工业增加值用水量法进行预测,建筑业和第三产业需水量计算同理,计算公式如下:

$$W_{in,t}^i = G_t^i \times q_{in,t}^i \tag{4-8}$$

$$q_{in,t}^i = q_0^i \times (1-\theta_i)^t \tag{4-9}$$

式中:$W_{in,t}^i$ 为规划年下汉江流域中下游第 i 县市工业需水量(m³);G_t^i 为规划年下汉江流域中下游第 i 县市工业增加值(万元);$q_{in,t}^i$ 和 q_0^i 分别为规划年和基准年第 i 县市工业用水定额(m³/万元);θ_i 为第 i 县市工业用水定额年均递减率(%)。

近年来,无论是国家还是省市级相关部门制定用水规划报告时,均对耗水量高的行业设定了有约束力的用水界限,迫使它们提高用水效率、减少废污水排放。国家大力推行节水型社会建设,湖北省积极响应号召,不断抓紧省内用水刚性约束,万元工业增加值用水量等主要用水效率指标实现"五连降"。汉江流域中下游各县市 2020 年工业平均用水定额为 71 m³/万元,预估远景规划年下定额平均值调整为 39.2 m³/万元,19 县市区间定额水量也有较大差异,其中工业用水定额额度设定最高的市级行政区为仙桃市和潜江市,额度最低的为武汉市,这与区域内产业发展定位、技术水平、节水工艺和全省工业布局与区位选择密切相关;汉江流域中下游各县市 2020 年建筑业和第三产业平均用水定额为 7.6 m³/万元和 7.2 m³/万元,预估远景规划年下定额平均值调整为 3.7 m³/万元和 2.3 m³/万元(图 4.2.2)。

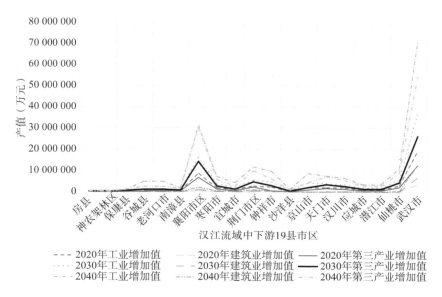

图 4.2.2　汉江流域中下游基准年及规划年内工业、建筑业、第三产业增加值

汉江流域中下游工业、建筑业和第三产业生产需水量在基准年、规划近景年和规划远景年下分别为 32.8 亿 m³、43.7 亿 m³ 和 65.4 亿 m³。在工业、建筑业和第三产业用水定额额度缩减的条件下,规划年内预估生产需水量仍均大于基准年生产需水,这是由于随着社会经济的高速推进,产值增长速率迅猛,各县市对于生产用水需求增加显著。

4.2.3　林牧渔畜需水量预测

林牧渔畜需水本应包括在农业需水中,本书拟通过汉江流域中下游地表可用水资源总量扣除生活、生产预估需水量和林牧渔畜需水估计值,最终得出可用于作物灌溉的可供水量,所以对该部分进行单独计算。林牧渔畜需水主要包括林果地和草场灌溉、鱼塘补水、大小牲畜饲养。林果地和草场灌溉采用灌溉定额预测法、鱼塘补水采用亩均补水定额法预测、大小型牲畜需水根据牲畜头数和用水定额进行估算,汉江流域中下游林牧渔畜业需水量在基准年、规划近景年和规划远景年下分别为 4 亿 m³、3.44 亿 m³ 和 3.08 亿 m³。节水灌溉、节水技术的推行及水资源保护的硬性红线,使得林牧渔畜业用水定额稳步降低,在林果草地面积与牲畜养殖头数规划年内增幅平稳的共同作用下,林牧渔畜业需水量在规划近景年和规划远景年需水量与基准年相比呈下降趋势。

4.3 调水对汉江流域中下游粮食灌溉可供水的影响

中线工程运行后,丹江口水库下泄水量减少,汉江中下游干流水量也随着相应减少。中线工程初期调水规模为 15 亿 m³,年平均下泄水量为 348 亿 m³,当调水规模增至 95 亿 m³ 后,年平均下泄水量降至约 258 亿 m³。调水后,汉江流域中下游年平均流量低于调水前年平均流量,汉江流域中下游代表站点黄家港、皇庄、仙桃站调水后多年平均流量与调水前多年平均流量相比均大幅度下降,下降率分别为 37%、23%、31%,调水前后不同来水条件下代表站点流量变化数据如表 4.3.1 所示[①]。调水后,丹江口水库下泄水量将减少约 30%,汉江干流中下游可供水量较之前大幅降低,该地区工业经济和城镇化的快速发展促使水资源供需矛盾进一步凸显,对沿江各市、县的经济社会发展将产生不利影响。

表 4.3.1 调水前后汉江流域中下游代表站点流量变化情况

站点	不同来水条件	调水前（m³/s）	调水后（m³/s）	变化百分比（%）	调水前丰枯率	调水后丰枯率
黄家港	多年平均流量	987.8	617.1	−37	1.67	1.11
	多年平均汛期流量	1 367.38	708.2	−48		
	多年平均枯期流量	727.93	533.3	−27		
	多年平均平水期流量	841.04	617.77	−27		
皇庄	多年平均流量	1 033.8	792.9	−23	1.85	1.24
	多年平均汛期流量	1 980.74	1 076.62	−46		
	多年平均枯期流量	863.13	685.79	−21		
	多年平均平水期流量	1 082.34	857.15	−21		
仙桃	多年平均流量	797.5	551.91	−31	1.72	1.21
	多年平均汛期流量	1 593.34	931.83	−42		
	多年平均枯期流量	808.38	620.37	−23		
	多年平均平水期流量	942.41	758.27	−20		

根据《南水北调工程总体规划》一期工程的方案,在增高丹江口水库大坝并

---

① 朱烨,李杰,潘红忠.南水北调中线调水对汉江中下游水文情势的影响[J].人民长江,2019,50(1):79-83.

对汉江流域中下游实施 4 项补偿工程后,中线工程年调水量约为 95 亿 m^3,后期可达到 130 亿 m^3 至 140 亿 m^3。结合实际情况同时为便于后文计算分析,本书将近景规划调水设定为 2030 年调水 95 亿 m^3,将远期规划调水设定为 2040 年调水 145 亿 m^3。利用调水后汉江流域中下游代表控制断面流量变化实测数据,估算汉江流域中下游在不同降水情景和不同调水规模下地表水资源可利用量的变化值,测算结果见表 4.3.2。2030 年调水 95 亿 m^3 后,汉江流域中下游地表水资源可利用量在降水频率 50%、75% 和 95% 的情景下分别为 163.27 亿 m^3、116.82 亿 m^3 和 89.41 亿 m^3;2040 年调水 145 亿 m^3 后,汉江流域中下游地表水资源可利用量在降水频率 50%、75% 和 95% 的情景下分别为 126.18 亿 m^3、87.81 亿 m^3 和 54.29 亿 m^3。

表 4.3.2　调水后不同情景下汉江可供中下游地区用水量

不同情景	50%	75%	95%
汉江流域中下游地表水资源总量(亿 m^3)	405	305	223
汉江流域中下游地表水资源可利用量(亿 m^3)	271.63	154.92	117.76
2030 年调水 95 亿 m^3 汉江流域中下游地表水资源可利用量(亿 m^3)	163.27	116.82	89.41
2040 年调水 145 亿 m^3 汉江流域中下游地表水资源可利用量(亿 m^3)	126.18	87.81	54.29

在 2010 年南水北调中线工程尚未运行时,汉江流域中下游在平水年、枯水年和干旱年的粮食灌溉可供水均可满足灌溉需水量;在 2030 年近景年中线工程调水 95 亿 m^3 的情景模拟中,在降水频率 95% 下汉江流域中下游粮食灌溉水开始出现供给不足,即调水工程开始对汉江流域中下游粮食灌溉用水产生影响,也就是我们寻找的"拐点",供需水缺口为 34.83 亿 m^3;在 2040 年远景年中线工程调水 145 亿 m^3 的情景模拟中,在降水频率 75% 和 95% 下粮食灌溉水供需缺口分别为 31.56 亿 m^3 和 62.31 亿 m^3。由此可见,在极端降水情景年份下,汉江流域中下游粮食生产可供水量压减会更为严重,粮食生产面临有效降雨量和灌溉水量双重减少的威胁。为使估算结果更具科学性,将基准年工业、生活和林牧渔畜业需水量 43.26 亿 m^3 作为基准数据,假设近景年和远景年该部分需水总量不变,不考虑因人口增长、经济发展、产业需水等因素的影响,得到仅考虑中线调水工程运行对汉江流域粮食生产造成的损失水量,在保证率 95% 的情景下 2030 年调水 95 亿 m^3 和 2040 年调水 145 亿 m^3,仅因调水也会

分别对粮食灌溉造成 23.68 亿 m^3 和 51.28 亿 m^3 的水量压减,致使作物产量下降、农民收益受损,具体测算结果见表 4.3.3。

由表 4.3.3 可以得出以下几点结论:(1)利用扣损法计算中线工程调水前后汉江流域中下游地表水资源可利用量,去除流域内其他各部门用水需求量,得到可供粮食灌溉用水总量。因居民生产、生活用水量变化受降水影响不显著,因此采用定额预测法,预估了该部分在基准年、近景规划年和远景规划年中平水年的用水需求。(2)为扣除因其他部门发展需水增量对粮食灌溉用水的挤压,仅考虑调水因素造成的影响,本书以其他各部门需水量合计 43.26 亿 m^3 为基准,计算因经济发展、人口增加而额外增加的用水。(3)粮食灌溉水平衡量 1 是考虑调水及其他用水部门需水量变化双重因素影响下的粮食灌溉供需水差额,粮食灌溉水平衡量 2 是仅考虑调水影响下的粮食灌溉供需水差额,数值大于 0 表示灌溉水可以满足,小于 0 表示对粮食灌溉造成了影响,无法满足作物正常生育期内的需水量。由表可以看出,在近景规划调水 2030 年降水频率 95% 的情景下,汉江流域中下游粮食灌溉水平衡量开始出现负值,即在调水 95 亿 m^3 的极端气象条件下出现"拐点",汉江流域中下游粮食灌溉可供水量无法满足作物正常生长需求。(4)在 2030 年和 2040 年降水保证率 95% 的情景下扣除其他部门用水增量后,粮食灌溉水平衡量 2 仍为负值,此部分缺水量可以视为仅由调水导致的对粮食生长产生影响的灌溉水压减量。(5)由此可见,在极端气象条件下,无论是近景规划年内调水 95 亿 m^3 还是远景规划年内调水 145 亿 m^3,均会对汉江流域中下游粮食生产的正常需水造成影响,导致作物在关键生育周期内因缺水而减产,因此下文将对因调水而导致的粮食种植损失金额进行核算,为补偿标准的制定提供依据。

4.4　本章小结

基于扣损法计算汉江流域地表水资源可利用量,通过水文站点实测值得出汉江流域中下游地表水资源总量,扣除河道内生态环境需水、汛期难以控制的洪水量,同时保证河道航运、发电的最低水量,计算得出汉江流域中下游地表水资源可利用总量在降水频率 50%、75% 及 95% 的情景下分别为 271.63 亿 m^3、154.92 亿 m^3 和 117.76 亿 m^3。对汉江流域中下游现状年、远近规划年生活、工业、林牧渔畜业等其他各部门用水户水资源需求量进行预测,得出区域内农业灌溉可供水量。利用调水后汉江流域中下游代表控制断面流量变化实测数据,得出不同调水规模下汉江流域中下游灌溉可供水损失量,合理推算在 2030 年近景年中线工程调水 95 亿 m³ 的情景模拟中,在降水频率 95% 下汉江流域中下游粮食灌溉水开始出现供给不足,供需缺口为 34.83 亿 m³;在 2040 年远景年中线工程调水 145 亿 m³ 的情景模拟中,在降水频率 75% 和 95% 下粮食灌溉水供需缺口分别为 31.56 亿 m³ 和 62.31 亿 m³;2030 年和 2040 年降水保证率 95% 的情景下扣除其他部门用水增量后,粮食灌溉水平衡量仍为负值,缺口分别为 23.68 亿 m³ 和 51.28 亿 m³。

表 4.3.3　不同调水规模下汉江流域中下游粮食灌溉损失水量

	现状年			近景年(2030 年)			远景年(2040 年)		
降水频率	50%	75%	95%	50%	75%	95%	50%	75%	95%
汉江流域地表水资源可利用量(亿 m³)	271.63	154.92	117.76	163.27	116.82	89.41	126.18	87.81	54.29
生活、生产、林牧渔畜等其他用水部门需水总量(亿 m³)	43.26			54.41			77.06		
考虑其他用水部门需水总量变化时流域内粮食灌溉可供水量 1(亿 m³)	228.37	111.66	74.5	108.86	62.41	35	49.12	10.75	−22.77
生活、生产、林牧渔畜部门发展需水增量(与基准年比较)(亿 m³)				11.15			33.8		
不考虑其他用水部门需水总量变化时流域内粮食灌溉可供水量 2(亿 m³)	228.37	111.66	74.5	120.01	73.56	46.15	82.92	44.55	11.03
粮食灌溉需水量(理论值)(亿 m³)	15.6	27.5	40.5	15.6	27.5	40.5	15.6	27.5	40.5
湖北省灌溉水利用系数	0.545	0.545	0.545	0.58	0.58	0.58	0.65	0.65	0.65
灌溉毛需水量(亿 m³)	28.62	50.46	74.31	26.9	47.41	69.83	24	42.31	62.31
考虑调水及其他用水部门需水量变化双重因素影响下粮食灌溉水平衡量 1(亿 m³)	199.75	61.2	0.19	81.96	15	−34.83	25.12	−31.56	−62.31
仅考虑调水因素下粮食灌溉水平衡量 2(亿 m³)	199.75	61.2	0.19	93.11	26.15	−23.68	58.92	2.24	−51.28

第五章 调水造成汉江流域中下游粮食灌溉缺水的经济损失分析

在农业生产中，水资源是必不可少的资源与环境要素。习近平总书记曾指出"人的命脉在田，田的命脉在水"。中线工程运行后，汉江流域中下游粮食生产可用水量被迫压减，在极端气候条件下甚至无法满足作物正常生长的基本用水需求，因此本章将对调水造成汉江流域中下游粮食灌溉缺水的经济损失展开分析，为调水对粮食生产补偿标准的设定提供有力依据。上文确定了不同降水频率、不同调水规模对粮食生产造成影响的压减水量，本章中将首先得出各作物平均水分生产率，再按比例将压减水量分摊到各作物的不同生育阶段，最后得到各作物综合水分生产率，确定调水对该作物各生育阶段产出效益的影响，将各种受影响作物的产出效益损失综合起来即为中线调水对汉江流域中下游粮食生产所带来的损失，希望通过定量分析为后续开展的调水补偿工作奠定基础。

5.1 作物灌溉缺水损失测算方法

调水造成的粮食生产经济损失可以看作是作物因非充分灌溉导致的缺水减产损失。缺水损失的研究通常采用水分生产率法，由缺水量与平均水分生产率相乘后得到减产量，这一方法的弊端在于没有考虑到不同供水水平下的水分生产率变化和作物在不同生育周期内需水程度的差异。也有学者通过水分生产函数（Jensen 模型）估计作物在不同生育阶段对缺水的敏感度，但运用该模型需要进行大田实验，利用专业设备来定时监测土壤水分变化情况，且对于汉江流域中下游粮食产区来说，作物种类繁多，现有试验资料还不够充足。因此，本书拟将单位立方米水所产生的作物产值效益作为平均水分生产率，再根据不同作物在不同生育阶段的耗水情况按比例分摊，将调水对粮食灌溉水的损失量分摊到各粮食作物中，最终得出作物因调水导致的非充分灌溉缺水损失。

其测算的具体过程可以概括为：(1) 收集汉江流域中下游粮食产区主要作物

的灌溉定额、亩均产量和单产价格,计算作物每立方米耗水量的粮食产出效益,近似作为该作物的平均水分生产率;(2)根据作物生育期内的灌溉需水比例,计算该作物的综合水分生产率;(3)根据中线规划年份内的不同规模调水量,通过综合水分生产率确定调水对该作物产出效益的影响,各种受影响作物的产出效益损失综合起来即为中线调水对汉江流域中下游粮食生产所带来的损失[①]。

根据调水水量、作物类型、平均水分生产率等指标,汉江流域中下游农业灌溉经济损失可用以下公式计算:

$$ALT = \sum_{t=1}^{m} ALT_t = \sum_{t=1}^{m} \sum_{k=1}^{n} Q_{k,t} \times b_{k,t} = \sum_{t=1}^{m} \sum_{k=1}^{n} Q_t \times \partial_{k,t} \times b_{k,t} \quad (5-1)$$

式中:ALT_t 为 t 时段由于调水造成的汉江流域中下游粮食灌溉损失;$Q_{k,t}$ 为 t 时段调水影响粮食产区内 k 作物用水量;$\partial_{k,t}$ 为 t 时段 k 作物灌溉水量分摊系数;Q_t 为 t 时段调水水量;$b_{k,t}$ 为 t 时段 k 作物的综合平均水分生产率;m 为调水发生的月时段总数;n 为受影响作物的种类数。

5.2　作物分生育期下综合水分生产率的确定

本研究通过划分各作物不同生育阶段确定作物时段水分生产率,首先通过分析各类作物的平均亩产量与灌溉定额来确定作物全生育期平均水分生产率,即生育期内该作物单位立方米灌水量所产生的经济效益(元/亩)。由于资料所限,这里通过调查所得作物的亩产收入和相应的灌溉定额来近似确定作物单位立方米水效益,作物价格数据取自 2021 年湖北省粮食局政府信息公开板块中的粮油市场平均价格监测数据表,取各粮食作物该年度内平均价格,通过单位换算转化为亩产收入。汉江流域中下游主要作物单位立方米水生产效益如表5.2.1 所示。

表 5.2.1　汉江流域中下游主要粮食作物平均水分生产率

作物类型	亩产收入(元/亩)	灌溉定额(m³/亩)	平均水分生产率(元/m³)
水稻	1 203	566.25	0.47
冬小麦	712	110.25	0.15

---

① 孔珂.黄河应急调水补偿机制研究[D].西安:西安理工大学,2006.

续表

作物类型	亩产收入(元/亩)	灌溉定额(m³/亩)	平均水分生产率(元/m³)
玉米	918	134.5	0.15
大豆	700	103.5	0.15

水源区内全年各类主要作物的生育期灌溉用水比例以及灌溉制度制定的定额水量的分配如表5.2.2所示。

表5.2.2　汉江流域中下游主要粮食作物生育期内灌溉用水分配比例　　%

生育阶段	作物种类					
	冬小麦	早稻	中稻	晚稻	玉米	大豆
出苗期	0	13	30	0	0	0
分蘖期	12	74	39	32	0	0
拔节期	43	12	19	24	24	0
抽穗/孕穗期	23	1	0	0	27	0
灌浆期	22	0	0	7	49	0
成熟期	0	0	13	37	0	0

以上述资料为基础,根据不同作物生育周期内的不同灌溉需水比例将作物全生育期内的水分生产率同比例分摊到各生育阶段内(表5.2.3)。以汉江流域中下游冬小麦种植为例,在出苗期区域内有效降雨量可以满足冬小麦的生长需水,而在分蘖、拔节、抽穗/孕穗和灌浆期,冬小麦的正常生长则需要依靠灌溉水进行补充,将冬小麦平均水分生产率0.47元/m³按生育期灌溉水分配比例分摊,可以得到各生育期内冬小麦的水分生产率。

表5.2.3　灌区作物水量分摊分生育期水分生产率　　元/m³

生育阶段	作物种类					
	冬小麦	早稻	中稻	晚稻	玉米	大豆
出苗期	0.00	0.06	0.14	0.00	0.00	0.00
分蘖期	0.02	0.35	0.19	0.16	0.00	0.00
拔节期	0.07	0.06	0.09	0.11	0.03	0.00
抽穗/孕穗期	0.04	0.00	0.00	0.00	0.04	0.00
灌浆期	0.03	0.00	0.00	0.03	0.07	0.00

续表

生育阶段	作物种类					
	冬小麦	早稻	中稻	晚稻	玉米	大豆
成熟期	0.00	0.00	0.06	0.17	0.00	0.00

作物生长过程中的灌溉水对产量有积极的影响，即充足的水供应有助于促进产量的提高。已有试验结果表明，作物供水与产量的正向关系在生长初期的出苗和分叶过程中最为显著，灌溉供水在此阶段内得到保障，才能保证作物产量，因此生育初期作物的水分生产率相对较高。考虑到缺水对作物以后各个阶段的生长都有很大的影响，因此综合水分生产率是通过各生育阶段的分摊水分生产率累加自该生育阶段后的水分生产率而得到。

表 5.2.4　灌区作物各生育期内综合水分生产率　　　　　　　　　　元/m³

作物类型	综合水分生产率	出苗期	分蘖期	拔节期	抽穗/孕穗期	灌浆期	成熟期
冬小麦	0.15	0.15	0.13	0.09	0.05	0.04	0
水稻	0.47	0.47	0.35	0.13	0.1	0.02	0
玉米	0.15	0.14	0.12	0.08	0.04	0.02	0
大豆	0.15	0.14	0.08	0.06	0.02	0	0

5.3　不同调水规模下流域内灌溉缺水经济损失测算

5.3.1　调水造成粮食生产损失的水量分析

南水北调调水量按照国务院批准的多年平均调水量和该年度气象条件进行动态调整，本节沿袭上文中的规划近景年（2030 年）调水 95 亿 m³，规划远景年（2040 年）调水 145 亿 m³，工程调度时间为每年的 11 月 1 日至下一年的 10 月 31 日，即在正常情况下全年均保证调水稳定。首先确定调水后灌溉的受影响作物，将压减水量在作物间进行分配；再根据作物各生育期内的灌溉需水比例，将调水对各作物的压减水量分摊到不同生育阶段中；最后根据作物的综合水分生产率计算调水后灌溉水量压减对农业产值的影响，计算过程见式（5-2）。

$$调水后灌溉水量压减造成的农业产值损失 =$$
$$\begin{cases} 无损失, S_{灌溉供水} - S_{灌溉需水} \geq 0 \\ 综合水分生产率 \times S_{调水损失}, S_{灌溉供水} - S_{灌溉需水} < 0 \end{cases} \quad (5\text{-}2)$$

其中，$S_{灌溉供水}$ 为汉江流域中下游各县市粮食生产灌溉可供水量；$S_{灌溉需水}$ 为汉江流域中下游各县市粮食生产灌溉需水量；$S_{调水损失}$ 为中线工程运行后分摊到各作物上的调水损失量。

按《汉江流域水资源综合规划》中预测的近、远景年生活、生产和林牧渔畜业的用水定额计算，在调水 145 亿 m^3 后降水频率 95% 的情景下，汉江流域中下游流域地表水资源可利用量已无法满足本地区内生产生活运转的正常需要，粮食生产灌溉可供水缺口为 31.14 亿 m^3。在降水频率分别为 50%、75% 和 95% 的情景下，汉江流域中下游粮食灌溉需水量的理论值分别为 15.6 亿 m^3、27.5 亿 m^3 和 40.5 亿 m^3。当灌溉可供水量大于灌溉需水理论值时，即粮食灌溉水平衡量大于等于 0 时，表示汉江流域中下游灌溉水可以满足当地作物种植的灌水需要；反之，则表示汉江流域中下游灌溉水无法满足当地作物种植的灌水需要，灌溉缺水将对作物生产产生影响。对于此部分灌溉水缺口量，我们需讨论缺口中哪些部分是由于南水北调中线工程运行后对汉江流域中下游可用水的压减量，哪些部分是由于汉江流域中下游自身人口增长、经济发展、生态保护需要等其他产业需水量增长对粮食生产用水的挤占量。在 2030 年近景年中线工程调水 95 亿 m^3 的场景模拟下，在降水频率为 95% 的特枯年份，粮食灌溉水供需缺口为 34.83 亿 m^3；在 2040 年远景年中线工程调水 145 亿 m^3 的场景模拟下，在降水频率 75% 的干旱年和 95% 的特枯年份，粮食灌溉水供需缺口分别为 31.56 亿 m^3 和 62.31 亿 m^3；将工业、生活和林牧渔畜业水平年需水量 43.26 亿 m^3 作为基准数据，假设近景年和远景年该部分需水总量不变，可以得到仅考虑调水对粮食生产造成的损失水量（表 5.3.1）。

表 5.3.1　不同调水方案下对粮食灌溉造成的损失水量　　　　　　　　亿 m^3

调水方案	调水 95 亿 m^3			调水 145 亿 m^3		
降水情景	50%	75%	95%	50%	75%	95%
对粮食灌溉造成影响的损失水量（考虑其他产业用水量增长）	0	0	34.83	0	31.56	62.31
仅考虑调水因素对粮食灌溉造成影响的损失水量（不考虑其他产业用水增量）	0	0	23.68	0	0	51.28

5.3.2　分情景模拟调水后汉江流域中下游粮食生产损失

南水北调中线工程运行后对汉江流域中下游粮食作物生产造成的经济损失是对其进行补偿标准的制定依据,其中补偿标准的测算直接决定了补偿的科学性和有效性,是补偿机制建立的核心。基于不同调水规模和降雨频率,模拟规划近景年和远景年的汉江流域中下游各粮食作物生产损失金额,以此作为后期补偿标准制定的基础。本书假定南水北调工程在一年中各月份稳定向北方地区输水,即通过水库的调节使得各月调出水量保持一致,将95亿 m^3 和 145亿 m^3 的调水量平均分配到12个月内。通过汉江流域中下游地区灌溉制度可知,调水对区域内4种主要粮食作物的生育期灌溉可用水均会产生影响,本节对调水导致的汉江流域中下游粮食生产损失金额的估算采用分情景模拟,对不同降水频率和不同调水规模下导致的粮食生产灌溉水压减造成的损失金额进行分情景模拟。

情景1:考虑其他产业用水增量对粮食灌溉造成影响的损失水量,在调水95亿 m^3 后降水频率95%的情景中,粮食灌溉损失水量34.83亿 m^3（表5.3.2～表5.3.4）。

表5.3.2　情景1中汉江流域中下游各粮食作物灌溉用水压减量

作物类型	冬小麦	早稻	中稻	晚稻	玉米	大豆
灌溉用水比例（%）	15.21	2.39	60.38	2.14	18.36	1.52
因调水导致的灌溉压减水量（亿 m^3）	5.298	0.832	21.031	0.745	6.395	0.529

表5.3.3　情景1中调水对各作物不同生育阶段内灌溉压减水量　　亿 m^3

	冬小麦	早稻	中稻	晚稻	玉米	大豆
出苗期	0.001	0.113	6.311	0	0.001	0.101
分蘖期	0.634	0.615	8.206	0.241	0.001	0.125
拔节期	2.273	0.101	3.991	0.181	1.531	0.127
抽穗/孕穗期	1.225	0.001	0.001	0.001	1.731	0.124
灌浆期	1.164	0.001	0.001	0.051	3.131	0.033
成熟期	0.001	0.001	2.521	0.271	0	0.019
灌溉水总损失量	5.298	0.832	21.031	0.745	6.395	0.529

表 5.3.4　在调水 95 亿 m³、$P=95\%$ 下汉江流域中下游作物损失金额　　　亿元

	冬小麦	早稻	中稻	晚稻	玉米	大豆
出苗期	0.00	0.05	2.97	0.00	0.00	0.01
分蘖期	0.08	0.22	2.87	0.08	0.00	0.01
拔节期	0.20	0.01	0.52	0.02	0.12	0.01
抽穗/孕穗期	0.06	0.00	0.00	0.00	0.07	0.00
灌浆期	0.05	0.00	0.00	0.00	0.06	0.00
成熟期	0.00	0.00	0.00	0.00	0.00	0.00

在情景 1 中,粮食生产灌溉水压减 34.83 亿 m³,按汉江流域中下游各粮食作物灌溉用水比例分摊到各作物,将压减水量在作物间进行分配,分配结果为冬小麦用水压减 5.298 亿 m³,早、中、晚稻用水分别压减 0.832 亿 m³、21.021 亿 m³ 和 0.745 亿 m³,玉米用水压减 6.395 亿 m³,大豆用水压减 0.529 亿 m³(表 5.3.2);由灌溉制度确定的各生育期内的灌溉水量比例如表 5.3.3 所示,将各作物压减水量再分摊至各作物生育周期内;根据作物综合水分生产率和各作物分生育周期内计算出作物压减水量对农业产值的影响,累计结果即为降水频率 95% 的情景下调水 95 亿 m³ 后对粮食生产造成的经济损失,合计 7.41 亿元。

情景 2:考虑其他产业用水增量对粮食灌溉造成影响的损失水量,在调水 145 亿 m³ 后降水频率 75% 的情景下,粮食灌溉损失水量 31.559 亿 m³(表 5.3.5～表 5.3.7)。

表 5.3.5　情景 2 中汉江流域中下游各粮食作物灌溉用水压减量

作物类型	冬小麦	早稻	中稻	晚稻	玉米	大豆
灌溉用水比例(%)	15.21	2.39	60.38	2.14	18.36	1.52
因调水导致的灌溉压减水量(亿 m³)	4.800	0.754	19.056	0.675	5.794	0.480

表 5.3.6　情景 2 中调水对各作物不同生育阶段内灌溉压减水量　　　亿 m³

	冬小麦	早稻	中稻	晚稻	玉米	大豆
出苗期	0.000	0.098	5.717	0.000	0.000	0.080
分蘖期	0.576	0.558	7.432	0.216	0.000	0.097

续表

	冬小麦	早稻	中稻	晚稻	玉米	大豆
拔节期	2.064	0.090	3.620	0.162	1.391	0.105
抽穗/孕穗期	1.104	0.008	0.000	0.000	1.564	0.168
灌浆期	1.056	0.000	0.000	0.047	2.839	0.028
成熟期	0.000	0.000	2.287	0.250	0.000	0.002
灌溉水总损失量	4.800	0.754	19.056	0.675	5.794	0.480

表 5.3.7　在调水 145 亿 m^3、$P=75\%$ 下汉江流域中下游作物损失金额　　亿元

	冬小麦	早稻	中稻	晚稻	玉米	大豆
出苗期	0.00	0.05	2.69	0.00	0.00	0.01
分蘖期	0.08	0.18	2.60	0.07	0.00	0.01
拔节期	0.19	0.01	0.47	0.02	0.11	0.01
抽穗/孕穗期	0.06	0.00	0.00	0.00	0.06	0.00
灌浆期	0.04	0.00	0.00	0.00	0.00	0.00
成熟期	0.00	0.00	0.00	0.00	0.00	0.00

在情景 2 中,粮食生产灌溉水压减 31.56 亿 m^3,计算过程同情景 1,对粮食生产造成的经济损失计算结果为 6.71 亿元。

情景 3:考虑其他产业用水增量对粮食灌溉造成影响的损失水量,在调水 145 亿 m^3 后降水频率 95% 的情景下,粮食灌溉损失水量 62.31 亿 m^3(表 5.3.8～表 5.3.10)。

表 5.3.8　情景 3 中汉江流域中下游各粮食作物灌溉用水压减量

作物类型	冬小麦	早稻	中稻	晚稻	玉米	大豆
灌溉用水比例(%)	15.21	2.39	60.38	2.14	18.36	1.52
因调水导致的灌溉压减水量(亿 m^3)	9.477	1.489	37.623	1.333	11.440	0.947

表 5.3.9　情景 3 中调水对各作物不同生育阶段内灌溉压减水量　　亿 m^3

	冬小麦	早稻	中稻	晚稻	玉米	大豆
出苗	0.000	0.193	11.280	0.000	0.000	0.410

续表

	冬小麦	早稻	中稻	晚稻	玉米	大豆
分叶	1.142	1.102	14.667	0.430	0.000	0.221
拔节	4.073	0.168	7.141	0.321	2.740	0.117
抽穗	2.181	0.013	0.020	0.001	3.090	0.112
灌浆	2.081	0.011	0.011	0.112	5.600	0.087
成熟	0.000	0.002	4.504	0.469	0.010	0.000
灌溉水总损失量	9.477	1.489	37.623	1.333	11.440	0.947

表 5.3.10　在调水 145 亿 m^3、$P=95\%$ 下汉江流域中下游作物损失金额　　亿元

	冬小麦	早稻	中稻	晚稻	玉米	大豆
出苗期	0.00	0.09	5.30	0.00	0.00	0.06
分蘖期	0.15	0.39	5.13	0.15	0.00	0.02
拔节期	0.37	0.02	0.93	0.04	0.22	0.01
抽穗/孕穗期	0.11	0.00	0.00	0.00	0.12	0.00
灌浆期	0.08	0.00	0.00	0.00	0.11	0.00
成熟期	0.00	0.00	0.00	0.00	0.00	0.00

在情景 3 中,粮食生产灌溉水压减 62.31 亿 m^3,经济损失计算结果为 13.31 亿元。

情景 4:仅考虑调水因素对粮食灌溉造成影响的损失水量(不考虑其他产业用水增量),在调水 95 亿 m^3 后降水频率 95% 的情景下,粮食灌溉损失水量 23.68 亿 m^3(表 5.3.11~表 5.3.13)。

表 5.3.11　情景 4 中汉江流域中下游各粮食作物灌溉用水压减量

作物类型	冬小麦	早稻	中稻	晚稻	玉米	大豆
灌溉用水比例(%)	15.21	2.39	60.38	2.14	18.36	1.52
因调水导致的灌溉压减水量(亿 m^3)	3.600	0.566	14.298	0.507	4.348	0.360

表 5.3.12　情景 4 中调水对各作物不同生育阶段内灌溉压减水量　　亿 m^3

	冬小麦	早稻	中稻	晚稻	玉米	大豆
出苗期	0.000	0.253	4.296	0.000	0.010	0.110

续表

	冬小麦	早稻	中稻	晚稻	玉米	大豆
分蘖期	0.430	0.134	5.571	0.157	0.000	0.180
拔节期	1.550	0.109	2.701	0.120	1.031	0.050
抽穗/孕穗期	0.830	0.060	0.010	0.000	1.175	0.020
灌浆期	0.790	0.010	0.010	0.040	2.132	0.000
成熟期	0.000	0.000	1.710	0.190	0.000	0.000
灌溉水总损失量	3.600	0.566	14.298	0.507	4.348	0.360

表 5.3.13　在调水 95 亿 m³、$P=95\%$ 下仅因调水影响汉江

流域中下游作物损失金额　　　　　　　　　　亿元

	冬小麦	早稻	中稻	晚稻	玉米	大豆
出苗期	0.00	0.12	2.02	0.00	0.00	0.02
分蘖期	0.06	0.05	1.95	0.05	0.00	0.01
拔节期	0.14	0.01	0.35	0.02	0.00	0.00
抽穗/孕穗期	0.04	0.01	0.00	0.00	0.05	0.00
灌浆期	0.03	0.00	0.00	0.00	0.00	0.00
成熟期	0.00	0.00	0.00	0.00	0.00	0.00

在情景 4 中，仅考虑调水因素对粮食生产的压减水量，灌溉水压减
23.68 亿 m³，经济损失计算结果为 5.05 亿元。

情景 5：仅考虑调水因素对粮食灌溉造成影响的损失水量（不考虑其他产业用水增量），在调水 145 亿 m³ 后降水频率 95% 的情景下，粮食灌溉损失水量
51.28 亿 m³（表 5.3.14～表 5.3.16）。

表 5.3.14　情景 5 中汉江流域中下游各粮食作物灌溉用水压减量

作物类型	冬小麦	早稻	中稻	晚稻	玉米	大豆
灌溉用水比例(%)	15.21	2.39	60.38	2.14	18.36	1.52
因调水导致的灌溉压减水量(亿 m³)	7.800	1.226	30.963	1.097	9.415	0.779

表 5.3.15　情景 5 中调水对各作物不同生育阶段内灌溉压减水量　　亿 m³

	冬小麦	早稻	中稻	晚稻	玉米	大豆
出苗期	0.000	0.162	9.294	0.002	0.001	0.257

	冬小麦	早稻	中稻	晚稻	玉米	大豆
分蘖期	0.932	0.902	12.074	0.352	0.000	0.022
拔节期	3.353	0.151	5.882	0.261	2.261	0.214
抽穗/孕穗期	1.792	0.011	0.001	0.000	2.542	0.244
灌浆期	1.713	0.000	0.001	0.081	4.611	0.042
成熟期	0.009	0.000	3.711	0.401	0.000	0.000
灌溉水总损失量	7.800	1.226	30.963	1.097	9.415	0.779

表 5.3.16　在调水 145 亿 m^3、$P=95\%$ 下仅因调水影响

汉江流域中下游作物损失金额　　　　　　　　　　　亿元

	冬小麦	早稻	中稻	晚稻	玉米	大豆
出苗期	0.00	0.08	4.37	0.00	0.00	0.04
分蘖期	0.12	0.32	4.23	0.12	0.00	0.00
拔节期	0.30	0.02	0.76	0.03	0.18	0.01
抽穗/孕穗期	0.09	0.00	0.00	0.00	0.10	0.00
灌浆期	0.07	0.00	0.00	0.00	0.09	0.00
成熟期	0.00	0.00	0.00	0.00	0.00	0.00

在情景 5 中，仅考虑调水因素对粮食生产的压减水量，灌溉水压减 51.28 亿 m^3，经济损失计算结果为 10.94 亿元。

为使调水对汉江流域中下游粮食生产带来的不良影响降到最小，需通过政府调控和市场经济手段，对调水区实施针对性的合理补偿。本书的重点关注领域为南水北调中线工程运行对汉江流域中下游粮食的生产灌溉水量压减造成的农业经济损失，结合灌溉制度和作物类型确定作物各生育阶段内的压减水量，根据作物综合水分生产率，得出调水对农业产值的损失估算，以此作为后文开展针对性的补偿机制构建的重要依据。

5.4　本章小结

作物缺水损失由生育期内缺水量和水分生产率共同作用，将调水后对粮食灌溉水的压减水量分摊到各作物和各生育阶段内，由综合水分生产率和各生育阶段内分摊的灌溉水减少量计算作物压减水量影响的农业产值。通过不同调

水规模下的分情景模拟,可得出以下结论:(1) 在调水 95 亿 m³ 后 $P=95\%$ 的情景下,粮食灌溉损失水量 34.83 亿 m³,压减水量对作物灌溉造成的损失金额为 7.43 亿元。(2) 在调水 145 亿 m³ 后 $P=75\%$ 的情景下,粮食灌溉损失水量 31.56 亿 m³,压减水量对作物灌溉造成的损失金额为 6.71 亿元。(3) 在调水 145 亿 m³ 后 $P=95\%$ 的情景下,粮食灌溉损失水量 62.31 亿 m³,压减水量对作物灌溉造成的损失金额为 13.31 亿元。(4) 仅考虑调水因素对粮食生产的压减水量(不考虑其他产业用水增量),在调水 95 亿 m³ 后 $P=95\%$ 的情景下,灌溉水压减 23.68 亿 m³,作物灌溉损失计算结果为 5.05 亿元;在调水 145 亿 m³ 后 $P=95\%$ 的情景下,灌溉水压减 51.28 亿 m³,作物灌溉损失计算结果为 10.94 亿元。调水后的损失金额是汉江流域中下游粮食生产补偿标准设定的重要依据。

第六章 调水对汉江流域中下游粮食作物 生产影响的补偿机制研究

　　利益补偿是协调社会关系、促进区域内经济持续平稳发展的重要手段，也是协调国民经济发展，体现社会"公平"原则的重要制度安排。对因调水造成的汉江流域中下游粮食生产损失进行补偿，是保障国家粮食安全、稳定种粮农民收入水平、综合运用市场机制和政府调控，补偿粮食生产效益损失、保障粮食安全正外部性的综合管理机制，是利益补偿机制在特定领域的具体化运行。补偿落地落实依赖于长效稳健的补偿机制保障，因此，本研究试图在补偿标准测算的基础上构建跨流域调水粮食补偿机制，并配套以相应的保障措施做好持续的监管与激励，补偿机制按照"为什么补偿""谁来补偿""补偿多少""如何补偿""后期运行的配套政策"的逻辑构建，包括以下几方面：

　　（1）利益补偿的必要性及合理性。即确认存在利益失衡情况，双方主体明确，且利益获得者因占用或享受其资源或成果致使利益受损方丧失原有的权利与收益，论证补偿合理性。（2）利益补偿主体、客体的确定。明确谁应该补偿、谁应该接受补偿，以便开展进一步研究。（3）利益补偿标准的确定。补偿的核心是补偿多少，利用合理方法测算受损方的利益损失和机会成本，是确定补偿标准的重要依据。（4）补偿模式、资金来源及机制的运作方式。常见方式包括资金补偿、政策倾斜、技术补偿、实物赔偿、资源补偿等，具体选择视实际情况而定，也可进行组合使用。（5）后期运行的保障措施。要使利益补偿机制长期有效运行，必须建立和完善各级相关法律法规、政策措施和制度安排，形成对应的管理制度，以评估补偿效果、跟进意见反馈、完善机制漏洞和不足。中线调水对汉江流域中下游粮食生产影响补偿框架见图 6.1.1。

6.1　对粮食产区进行补偿的必要性分析

　　湖北省是我国粮食主产区之一，汉江流域中下游是我国中部地区重要的"粮仓"，素有"鱼米之乡"和"江汉粮仓"之称，堪称中部地区的"黑土地"。粮食

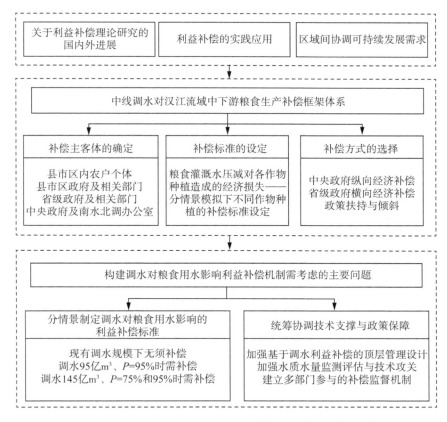

图 6.1.1　中线调水对汉江流域中下游粮食生产影响的补偿框架

主产区是我国粮食生产的重要主体，对保障国家粮食安全具有重大意义，但目前我国粮食主产区大多为经济社会可持续发展能力相对滞后的欠发达地区，深陷"粮食大省、经济弱省"的困局。且产区内粮食生产与地方经济发展、财政收入、农民增收、工业化和城镇化进程等的突出矛盾，日益影响农民的种粮积极性；粮食生产的高投入和低利润属性也影响着粮食主产区经济的可持续发展能力。因此，充分利用江汉平原良好的耕地资源、自然条件以及较为完备的农业基础设施，充分发挥综合生产冬小麦、稻谷、玉米、豆类等作物的多样性优势，筑牢粮食生产安全防线具有重要意义。

"十四五"时期我国水利建设以全面提升水安全保障能力为目标，优化水资源配置体系，加快构建国家水网"主骨架"和"大动脉"，为全面建设社会主义现代化国家提供有力的水安全保障。南水北调作为国家水网建设的重要一环，是国之大事、世纪工程、民心工程,科学推进南水北调工程规划建设,对优化配置水资源、保障群众饮水安全、复苏河湖生态环境、畅通南北经济循环均具有重要意义。其中,对丹江口取水区及汉江流域中下游受影响区进行损失补偿是工程运行后期工作的重要组成部分。目前,跨流域调水补偿更多考虑的是水源地水权的丧失和由此造成的发展权损失,补偿主体以中央政府为主。但跨流域调水工程不仅影响调水区的水源地,对调水区中下游地区的影响也应是评价的重点。跨流域调水是一项复杂的系统工程,从纵向来看,工程涉及生态环境、经济和社会问题方方面面;从横向来看,调水区、受水区和中下游受影响区均为利益相关方。南水北调中线工程的运行,必将对汉江水资源进行重新配置,对汉江流域中下游地区经济社会发展产生同样巨大的影响,因此对水源地中下游进行利益补偿,成为南水北调中线工程总体规划中的有机组成部分。

南水北调中线工程从汉江上游大量调水,所调水量约占区域内原有水量的1/4,汉江流域中下游作为湖北省重要的"经济走廊"和人口密集区,调水使得中下游水资源供需矛盾激化,同时丧失了因缺水而潜在的发展机会。调水工程运行后造成汉江中下游水资源总量减少、水质下降,导致该地区未来发展预期和发展规模明显低于未调水前的状态。由于调水以及满足城市生活、生产、生态需水的需要,农业灌溉分配的水资源在总量上将降低,水田面积减少和灌溉水位降低会影响水稻等高耗水型的传统优势作物的生产。作物产量降低、农民收入增速减缓,将降低农业生产对农村青壮年的吸引力,加速农村劳动力向城市的转移,影响农业的可持续发展和粮食安全。而节水型灌溉、耐旱作物的推广则会增加地方政府的财政投入,并且需要在对农民进行新的耕作方式、技术培训等方面增加投入。因此,作为南水北调中线工程补偿的"盲区"和调水利益博弈的弱势群体,为保障其粮食生产的可持续性,需构建汉江流域中下游粮食生产补偿机制,通过制度手段平衡调水各方的权利和义务,降低调水对中下游粮食生产的负面影响,兼顾效率与公平。

6.2　补偿主客体及标准设定

南水北调中线工程既关系到调水区水源地丹江口水库的可持续发展、受水区华北地区尤其是京津冀地区的供水安全,同时还涉及湖北省汉江中下游地区经济、社会和生态的协调发展。在优先保障城市生产生活用水,统筹兼顾工业用水和其他各项建设用水的指导思想下,极端来水条件下,作物灌溉可用水的缩减使得粮食产量降低,农户收入减少,影响了汉江流域中下游粮食安全。利益补偿机制通过转移支付和政策倾斜调整失衡的利益关系,以保障稳定、高效的公共产品和服务继续被提供。南水北调中线工程运行后,除现有对丹江口库区的补偿外,亟待建立"国家及北方因调水而受益—为汉江中下游粮食产区提供利益补偿—减缓因调水导致的粮食作物灌溉不利影响"的利益补偿机制。

6.2.1 利益补偿主体

按照"谁受益、谁补偿,谁损失、谁受偿"的平等交换原则,尊重发展权的公平原则和区域协调可持续的发展原则,开展汉江流域中下游粮食产区利益补偿。根据南水北调资金主要由中央政府、受益地方(省、直辖市)政府共同承担的现实,补偿主体包括两个层面:中央政府及京、津、冀、豫四省市受水区。

首先,为了实现水资源空间的合理配置,中央政府作为调水工程的设计者、公共利益的代表和公共产品的有效调配者,应该在利益补偿机制的建设中起到主导作用。其次,水资源调配和粮食生产都在保障安全效益、社会效益和生态效益方面具有显著的公共属性,公共产品的受益者是国家的全体社会成员,因此中央政府有责任对汉江流域中下游粮食生产提供补偿。

京、津、冀、豫四省市作为调水的直接受益者,理应为调配后的水资源的使用付费。调水工程的水源地及其中下游地区与水资源输入区之间的关系,类似于河流上中下游的关系,并依据"水量"形成区域间具体的"数量关系",使上中下游形成定量的横向转移支付补偿成为可能,但补偿机制是否能得到落实,取决于地方政府间积极的协商合作和中央政府政策、法规、行政命令等强制力量的助推。京、津、冀、豫四省市对调水后造成汉江流域中下游粮食生产影响的压减水量进行补偿,补偿金额的分摊量按调用水量、经济水平、有效受益人口等指标进行细分。

6.2.2 利益补偿对象

近年来,虽然国家加大了对粮食产区生产的支持力度,但粮食主产区农民收入低、经济发展慢的问题依然存在,调水工程的实施可能会进一步影响农民的种粮意愿和地方政府发展粮食生产的积极性。调水对汉江流域中下游利益的补偿政策应以增产与增收并重为目标,对因调水后利益受损的地区和农户进行相应金额的补偿。

（1）汉江流域中下游的种粮农民。农民的种粮积极性是保障粮食安全的基础。粮食生产的直接成本由农民承担，汉江流域中下游农民为保障中部地区乃至全国的粮食安全做出了突出贡献，由于政策原因和客观条件，农民失去了利用粮食、耕地增收的机会。粮食产区内农户家庭经营纯收入是农民收入的重要来源，灌溉可用水量的缩减，使得该地区传统优势作物生长受限，作物产量下降、品质降低。同时，随着工业化、城市化进程的加快，挤占农业用地面积，作物种植的生产成本和种粮农民的机会成本均在增加，这会导致汉江流域中下游粮食产区农民种粮的积极性进一步被打压。按照"谁种田、谁受益"的原则，将补贴直接发放给种粮农户可以极大调动农民种粮的积极性，同时实现集约化、规模化生产。

（2）汉江流域中下游各县市政府。汉江流域中下游19县市区粮食产区政府在完成中央赋予的粮食生产任务最低安全保障的前提下，还需负责本区域内的经济发展和人民生活水平的提高。农业税取消后，地方财政的主要来源是二、三产业，由于实施严格的耕地保护政策，产区内二、三产业发展滞后，导致湖北省劳动力吸纳能力不足，人口外流，政府收入来源受限，财政困难。自南水北调中线工程运行后，汉江流域中下游粮食生产灌溉可供水量受到压减，在近、远景规划年下的极端降水情景年份下，均会对粮食产值造成额外损失，粮食产值和地方经济收入因此受损，因此主产区政府应该是利益补偿的客体。

6.2.3　不同作物种植的补偿标准设定

补偿区域涵盖鄂西北山区、鄂中丘陵区、鄂北岗地和江汉平原区内的汉江流域中下游19县市区，补偿内容主要针对南水北调中线工程使得汉江流域中下游粮食产区可用灌溉水量减少从而导致的粮食作物产量降低、农民收入减少等给予相应的调水补偿。通过转移支付和政策倾斜等手段补偿地方政府发展受限而减少的财政收入，重视因非充分灌溉致使的本地区主要粮食作物减产而导致的经济损失。

补偿资金向来是达成双方合作的核心所在，通常在合作倾向达成前，双方就调水是否应该给予补偿、在哪些方面给予补偿和补偿多少等关键问题存在分歧。本书以上述章节中分情景模拟调水导致汉江流域中下游粮食生产损失的金额测算为依据，按汉江流域中下游19县市区粮食种植面积进行补贴，得出在调水和极端天气双重作用下，汉江流域中下游粮食灌溉水压减应对各作物种植进行的补偿金额。根据不同调水规模下汉江流域中下游粮食生产补偿金额总量和各作物种植比例,计算出各作物种植补偿金额,汉江流域中下游 19 县市区可以根据区域内各作物种植面积,得出汉江流域中下游不同降水情景和调水规模下各作物种植每亩应获补偿金额,如表 6.2.1 所示。

表 6.2.1　汉江流域中下游各作物种植补偿金额 　　　　　　　元/亩

	冬小麦	早稻	中稻	晚稻	玉米	大豆
调水 95 亿 m³ 降水频率 95%	0.50	6.19	5.53	1.94	0.67	0.00
调水 145 亿 m³ 降水频率 75%	0.46	5.73	5.02	1.94	0.62	0.00
调水 145 亿 m³ 降水频率 95%	0.91	9.40	8.14	2.91	1.00	0.00
调水 95 亿 m³ 降水频率 95%（仅考虑调水对粮食灌溉水压减量）	0.37	0.92	4.73	2.91	0.94	0.43
调水 145 亿 m³ 降水频率 95%（仅考虑调水对粮食灌溉水压减量）	0.74	9.40	8.14	2.91	1.00	0.00

通过对汉江流域中下游各作物种植的补偿标准测定,可以看出:(1) 汉江流域中下游粮食灌溉水不足,无法满足作物正常生长,是由调水和极端气候条件共同作用导致的,在平水年份无论调水规模是 95 亿 m³ 还是 145 亿 m³,都不会影响汉江流域中下游的正常用水,因此也可以从另一角度验证南水北调中线工程水量调度设计的合理性。(2) 在调水 95 亿 m³ 且 $P=95\%$ 的极端枯水年份下,开始出现调水对汉江流域中下游粮食生产造成影响的"拐点",需要对因灌溉水压减造成粮食减产的各县市产区进行补偿。在考虑区域内有效降雨量和生育期需水差异的前提下,各作物对因调水产生灌溉水压减表现出的受损程度存在差异,早、中、晚稻和玉米受影响更为显著,因此在亩产补偿金额上高于其他作物,这有利于补偿标准制定更加精细化,补偿对象的受众更加精准。(3) 表中所列出的作物种植补偿标准,是以 2021 年湖北省粮食局公布的粮油价格为基础,对汉江流域中下游粮食生产因缺水灌溉造成金额损失的估算,在现实操作中还需考虑农产品品种差异、价格波动及市场供需,在不同情景下对其做适当调整。

6.3　补偿方式的选择

在工业化、城镇化快速发展的背景下,粮食主产区深陷"产粮大县、经济弱县、财政穷县"的困局,汉江流域中下游地区作为我国重要的商品粮基地,虽尚未制定调水对粮食生产影响的补偿政策,但为保障国家粮食安全,制定并实施了一系列扶持粮食生产发展的措施,在资金和政策上向粮食主产区倾斜。汉江流域中下游现行的利益补偿政策与农民生产生活和粮食主产区发展的需要相比,总体上补偿标准偏低,其表现有三:一是补偿的范围和领域有限,现有的补偿多集中于对粮棉产品的补贴、奖励,对主产区政府的积极性调动不足;同时在未来 145 亿 m^3 的调水规模和极端气候条件的双重压力下,本地区粮食灌溉可供水量大幅缩减,现有补偿政策对未来发生的可能情景预期不足。二是补偿的长效性不足,尤其是许多农业补贴主要是应对农产品短缺而临时实施的,临时性补贴多、经常性补贴少,缺乏稳定性和长期性。三是补贴的针对性不强,尽管 2016 年将"三项补贴"(农作物良种补贴、种粮农民直接补贴和农资综合补贴)合并为农业支持保护补贴,重点支持耕地地力保护和粮食适度规模经营,但对特定地区和人群的区分并不明晰。补贴对象原则上为拥有耕地承包权的种地农民,仍然是以小规模经营农户为指向的,这就容易造成补贴受益人与实际种粮人不一致的情形,真正从事农业生产的规模经营主体(如种粮大户)得不到补贴,而一些早就脱离农业生产的农户却仍在享受政策优惠,失去了补贴的真正意义。

汉江流域中下游粮食产区承担着保障国家粮食生产和粮食安全的重任,如果没有合理的转移支付和补偿制度安排,地方政府将因极端气象条件和调水的双重作用导致的粮食减产减值而承受沉重的财政压力,使该地区农民也遭受巨大的经济损失。在 2022 年 3 月召开的全国两会上,代表委员们提出了相关建议,希望国家高度重视调水区的特殊贡献和面临的严重困难,将调水工程造成的经济损失、持续加强水质保护的压力、后续移民帮扶的难度、发展的刚性制约等众多因素纳入补偿机制构建的考量中,建议对关停、搬迁企业和农户群众的损失一次性补偿到位,将水源地及中下游补偿方面的重大项目纳入国家规划尽快实施,同时加快建立长期合理的调水补偿机制,用以平衡调水区的巨额财政支出缺口。

6.3.1 中央政府财政转移支付的纵向经济补偿

汉江流域中下游是南水北调中线工程的贡献区和影响区,促进汉江流域中下游地区经济发展、粮食安全、利益均衡是中央政府与地方政府的共同责任,由国家作为调水后汉江流域中下游粮食产区利益补偿主体,支持流域农业可持续发展。流域水权交易是流域水资源开发利用与管理的重要手段,但在我国还没有形成一个成熟的水权交易模式。根据有关省份之间的自主协商,受益地区参与调水的程度往往很低,难以就补偿标准、补偿方式等达成一致,从而影响补偿机制建立,需要加强中央政府层面的指导和协调。由中央财政向汉江中下游地区转移支付,平衡汉江水资源分配重构后引发的经济发展能力差异。根据调水后对中下游地区主要粮食作物灌溉水量减少造成的利益损失,调整完善转移支付测算办法,在侧重关注农业损失的视角下,综合考虑流域内生态产业发展、发展权受限、生物多样性和水资源涵养等相关因素,合理设计该年度补偿力度。按照《中华人民共和国资源税法》精神,由财政部、国家税务总局牵头,统筹协调京津冀滨水地区水资源税水源地转移支付工作;按照《国务院办公厅关于健全生态保护补偿机制的意见》的精神,由财政部、国家发改委牵头,通过提高均衡性转移支付系数、加大中央预算内投资对基础设施和基本公共服务的倾斜力度等措施,进一步加大对汉江流域中下游地区水质保护、产值损失、产业转型和生态建设的政策和金融支持力度(图6.3.1)。

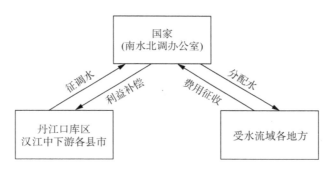

图 6.3.1　国家财政转移支付的纵向经济补偿模式

6.3.2　省级政府间财政转移支付的横向经济补偿

南水北调中线工程受水地区涉及京、津、冀、豫四省市,就现行行政管理体制而言,四省市间地方政府相互独立,若对调水实施补偿,将进行省级之间横向资金转移,形成由多层级地方政府参与的复杂省级财政网络。当前,补偿主要依靠中央财政的横向转移和地方政府间财政支付能力,市场化投入明显不足,补偿标准的设定也未能反映水产品的数量与质量,没有全面考虑丹江口库区水源地和汉江流域中下游各县市进行水权转让机会成本的区域差异。因此,针对调水对汉江流域中下游粮食生产造成损失的利益补偿可以按照南水北调工程基金模式,设立汉江流域中下游粮食生产补偿专用基金,在中央政府确定补偿标准后,各受水区内省区市按照调水水量占比支付横向补偿资金,纳入国家财政预算统一管理,通过转移支付的方式由湖北省政府按比例下发到汉江流域中下游各县市粮食生产区。

6.3.3 弥补粮食产区利益损失的政策补偿

汉江流域中下游作为我国粮食重要产区,农业灌溉需水量大,随着调水规模的不断扩大,作物供需水缺口进一步显现。完善利益补偿机制以调动粮食生产积极性,增加粮食产能投入,在确保粮食安全供给的同时,提升粮食主产区自我发展的能力。除经济补偿外,对汉江流域中下游加大政策倾斜力度也同样适用,例如,加大农业灌排设施改造力度,改进灌溉技术,提高水资源利用率,保障本地区内粮食生产能力;支持湖北省汉江流域中下游地区产业转型,引导地区发展节水型、创新型产业,调整经济结构,转变发展方式,实现可持续发展,构建"资金＋产业"的"内生性"可持续发展利益补偿机制。政府在粮食主产区加大与粮食生产、农业现代化密切相关的产业布局和产业投入力度,改变粮食主产区的产业结构,促进一二三产业快速融合,加快粮食主产区的城镇化进程,既要加大直补力度,又要增强汉江流域中下游粮食产区的自身"造血"能力;促进汉江流域中下游建设节水型社会,包括城乡安全饮用水源建设、节水灌溉;建议汉江中下游地区同等享受国家对丹江口库区及上游已出台或即将出台的扶持政策。

为保障取水口中下游地区的发展权益,在工程运行前应明确水资源使用权分配办法,明确汉江流域中下游的优先用水权。同时湖北省政府也要积极参与中线调水总量科学决策和实施调度共同管理,实现调水区、受水区和影响区三方联动、动态均衡。在保障当地可供水资源总量合理的前提下,制定三产部门间用水定额,分灌溉区制定农业用水方案及措施,在干旱年份优先保障关键生育期内主要粮食作物的水量供给,保障农民基本权益,保障中部粮食安全。

6.4 保障补偿机制运行的后期配套政策

通过增加中央政府的纵向财政支持,健全省市间横向财政支付,同时设立南水北调对汉江流域中下游粮食生产补偿专项资金,重点加强产区内农业基础设施建设,加大粮食补贴力度,弥补农户亏损,补齐农业产值收支短板,促进地方财政可持续发展。补偿规模应以调水对产区内灌溉水切实产生影响的部分为基准,重视极端气象条件下的补偿预案制定,以补偿农民经济损失为主,同时重视农田基础设施建设投入、种粮补贴和生产领域科技投入,提高生产领域粮食生产和供应效率,带动地方政府鼓励当地农民种粮。通过对极端气象条件下粮食主产区的补偿,促进粮食主产县粮食产值不受大幅影响,提高粮食主产县粮食生产的可持续性,实现汉江流域中下游粮食主产县市粮食安全。为保证南水北调工程的长期运行和汉江流域中下游粮食产区利益补偿机制的有效推进,需建立起一套完备的实施保障体系与此对应共同落实。

6.4.1　科学动态规划中线工程年均调水量

《南水北调工程供用水管理条例》中规定,工程的水量调度、运行管理工作由国务院水行政主管部门负责,这为工程运行管理提供了制度依据,因此需建立由国家水行政主管部门组成,沿线水源区、受水区和汉江流域中下游影响区在内的多主体水行政主管部门共同参与的协商机制,就水资源市场价、水质标准、补偿对象、补偿内容、补偿费用、补偿方式等进行协商。考虑汉江流域中下游 19 县市区与京、津、冀、豫四省市的来水条件,即南丰北枯、南丰北丰、南枯北枯和南枯北丰四种情景,在不同的预测降水情景下设定该年合适的调水量。

可调水量是指在不同降水情景和工程措施条件下,根据发电、生态和防洪安全等原则,制定控制水位和年度调度规则,基本满足汉江流域中下游的用水需求,并与丹江口水库不同规模输水工程的调水量相适应。影响水库可调水量的因素主要包括:汉江干流和水库径流、水库工程规模、汉江流域中下游水量需求以及输水工程规模等因素,可以 10 年为单位进行长序列计算,然后每年进行统计汇总,以南北气候条件、供需水预估等为重要考量因素,科学规划中线调水年均水量。丹江口水库可调水量计算如图 6.4.1 所示[①]。

6.4.2　制定调水对粮食生产补偿协商条例与指导意见

有法可依、有规可循才能更好地督促受水区进行调水利益补偿,约定受水

---

① 仲志余,刘国强,吴泽宇.南水北调中线工程水量调度实践及分析[J].南水北调与水利科技,2018,16(1):95-99+143.

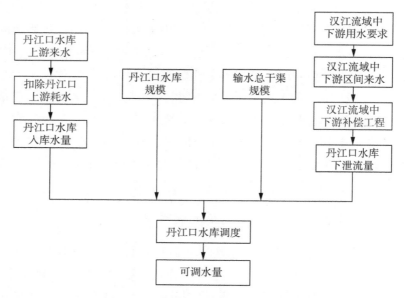

图 6.4.1 丹江口水库可调水量计算图

区按照地区调水用量、经济发展水平、有效受益人口和居民可支配收入等指标确定利益补偿分担费用,对何种气象条件、何种调水规模会对汉江流域中下游粮食生产造成影响,何种情景下需要对利益损失方提供补偿进行合理论证,将具体的补偿形式明确在协商条例中。同时,建议由国家相关部委出台关于因调水对汉江流域中下游粮食生产造成影响的补偿的指导意见,明确补偿的政策目标、职责分工、资金筹措、监测评估等内容,包括研究、分析和制定有关转移支付的政策和制度,确定转移支付的年度规模;改进补偿标准的科学性与精准度,针对利益损失的不同侧重方面,如粮食生产、航运发电、生态保护等重点领域,分类别对测算结构和测算公式进行优化,科学测算生态价值量的增减变化作为奖惩标准和调整依据;就每年度转移支付的分配方案进行公开预审,鼓励多主体共同参与协商,对转移支付制度进行必要的修正或调整,协调各方在转移支付中可能产生的利益和意见冲突。

6.4.3 建立多部门参与的补偿监督机制

调水工程对粮食生产影响的利益补偿机制构建涉及不同的省市,各省市间又涵盖不同责任主体,具有一定的复杂性。为确保补偿活动有序开展,水行政主管部门联合农业部门和其他协商委员会等相关主体建立联合监督问责机制。补偿机制的建立离不开政府参与,且政府在因调水对汉江流域中下游粮食生产造成损失的补偿中的监督作用也是不可或缺的,政府依然是调水工程建设与运行的"买单人"。汉江流域中下游 19 县市区作为补偿的客体,更有意愿作为监督者去监督补偿费用落于实处,19 县市区地方政府作为社会经济发展的主要管理者,为保障湖北农业大省的优势地位和当地的粮食安全,必然会对补偿费用的落实进行严格监督。南水北调作为一项民生工程,其凸显的社会效益、生态效益体现了最普惠、最公平的民生福祉,离不开全社会的共同参与。但在当前形势下,公众参与补偿制度运行的监督工作还存在一些困难,搭建多元主体监督平台,倾听调水区、受水区、受影响区中百姓的所思所想,推进全民行动体系,力争把政府的"独角戏"转化为社会的"大合唱"。

6.4.4　扩宽粮食生产补偿资金筹措渠道

根据京津冀豫四省市受水区调水分配量,分析调水带来的相应的国家和地方财政收入增量,确定受益区与汉江流域中下游粮食生产补偿的关联度,逐步建立跨流域水资源调度补偿机制,将调水对本地粮食生产的损失作为补偿费用的重要部分。由国家或受水地区政府安排一定比例的财政资金,通过转移支付方式专项用于对汉江流域中下游 19 县市区粮食区的补偿。湖北省各县市在极端干旱年份提出该年度粮食生产补偿计划,由湖北省政府进行国家相关部门按程序审批监督,保证补偿资金及时落实,促进其发挥最大的环境、经济和社会效益;建议借鉴生态补偿做法,在国家层面设立南水北调专项基金,用于极端气象条件下对汉江流域中下游粮食生产的补偿,在特枯年份下对收益严重受损的县市进行精准补偿与支持。

6.4.5　构建补偿激励约束机制和奖惩制度

建立相应的激励约束机制和奖惩制度,将因调水造成粮食生产损失的补偿指标纳入对汉江流域中下游 19 县市区领导政绩考核体系,对补偿实施良好的县市区给予奖励,对实施不力的县市区给予相应惩罚,以更好地发挥粮食生产补偿资金的激励和导向作用。建立粮食生产补偿专项资金使用绩效考评制度和审计制度,重点监督对汉江流域中下游粮食生产的补偿资金是否足额发放到县、钱款是否落实到农户手中、资金发放过程是否公开透明、是否专款专用于补贴农户粮食生产损失和地区农业技术提升、效益是否符合预期等方面,以上述方面为参考依据,建立相应的奖惩制度,并与之配套严格的追责制度,在汉江流域中下游粮食生产补偿资金的运作过程中,明确权责划分和主体责任人。

6.5 补偿机制构建的合理性讨论

(1)结合现实自然条件。在第三章中,我们对汉江流域中下游 19 县市区 1979—2015 年共 37 年的系列年平均降雨量进行了排频,结果显示,1981 年为极端枯水年,1994 年为干旱年。汉江流域中下游为亚热带季风气候,年降水量充沛,在降水频率为 95% 且调水 95 亿 m³ 的极端气象条件下,汉江流域中下游粮食生产用水开始受到调水影响。将研究结果带入现实情境中,汉江流域中下游最近一次极端枯水年出现在 1981 年,距今已超过 40 余年,且随着区域内水利基础设施的建设与运行,在保障城市生活和工业用水的基础上,利用工程富裕能力和闲置时机,可以加大对农业灌溉的补水力度,保障在极端枯水年份仍能满足农业用水的基本需求。

(2)结合调水工程实际情况。目前,汉江跨流域调水工程主要有南水北调中线一期工程、引汉济渭工程、鄂北地区水资源配置工程以及引江济汉工程、兴隆水利枢纽工程、部分闸站改造工程和局部航道整治工程等南水北调中线配套补偿工程,为配合南水北调中线一期工程远期调水布局,引江补汉工程已提上日程。汉江流域水资源总量年均 573.2 亿 m³,实施跨流域调水工程后,汉江流域用水量将超 290 亿 m³,其中汉江本流域用水约 185 亿 m³、中线一期工程调水 95 亿 m³、陕西省引汉济渭工程调水 5 亿~15 亿 m³、鄂北水资源配置工程调水 7.7 亿 m³。未来汉江流域将形成南水北调、引汉济渭、鄂北调水"三分汉水"的水源分配格局,汉江流域供水面临挑战,引江济汉工程未来规划补水 40 亿~60 亿 m³,希冀缓解汉江调水压力[1],因此即便是引江济汉工程规划补水的最低调水额度 40 亿 m³,仍可以覆盖引汉济渭及鄂北水资源工程的最高调水额度 22.7 亿 m³,可以对汉江流域中下游水量有效补给 17.3 亿 m³。在降水频率 95%、调水 95 亿 m³ 的近景规划年下可以有效填补粮食灌溉用水缺口,但在调水 145 亿 m³ 的远景规划年下引江济汉工程在现有运行规模下仍无法满足粮食灌溉水需求,汉江流域中下游水资源短缺压力依旧严峻。

---

① 甄伟琪,王润,郭卫,等.气候变化对江汉平原调水格局的影响[J].长江流域资源与环境,2019,28(11):2753-2762.

（3）结合区域发展社会条件。丹江口市、老河口市、谷城县（简称"红河谷"）三地于2013年签订了《加快构建红河谷城市组群战略合作框架协议》，探索鄂西北地区"就近城镇化"路径。《湖北红河谷城市组群发展战略研究》报告中提出，"红河谷"城市组群预期到2030年建成面积达200 km²、城市人口140万、城镇化率达到75％以上的"特大城市"规模；《汉江生态经济带发展规划》中提出优化城镇化空间格局，包括支持襄阳巩固湖北省域副中心城市地位，打造武汉城市圈副中心城市和鄂豫省际区域性中心城市等，城市组群的发展将直接导致汉江流域中下游工农业生产和城市用水需求的上升。在第四章中，已根据汉江流域中下游各县市实际用水情况和《汉江流域综合规划报告》，对城镇化背景下人口增长和部门产值进行合理预测，以此为基础估算远、近景规划年下，汉江流域中下游各县市其他各部门的需水增量。

（4）考虑粮食价格波动影响。在第五章中，对极端气象条件下调水对粮食生产造成的损失进行了估算，并以此作为补偿金额确定的依据，本书将各作物的亩产收入（元/亩）与灌溉定额（m³/亩）作为其平均水分生产率（元/m³），因此粮食价格的波动会影响补偿金额的确定。我国粮食供应有充分保障，粮价总体保持平稳运行，但国内外粮食市场深度融合，价格联动性增强，全球粮价上涨对国内市场的影响不容忽视。对湖北省早稻、中稻、冬小麦3种典型粮食作物2014—2021年同期价格进行比较可发现，受国家粮食价格政策影响，粮食价格波动长期处于小幅波动区间，在国家宏观政策调控下粮食价格主要由市场供求决定。因此，粮食价格波动因素对补偿金额影响较小。

6.6　本章小结

按照测算的粮食生产价值损失标准，建立多元化的汉江流域中下游粮食产区利益补偿机制。机制内容包括对调水后汉江流域中下游粮食生产进行补偿的必要性及合理性论证；确定补偿主体、客体与补偿内容，补偿主体为国家及京、津、冀、豫四省市受水区，补偿客体为汉江流域中下游粮食产区政府及农户，补偿内容针对南水北调中线工程造成汉江流域中下游粮食产区可用灌溉水量的减少从而导致的粮食作物产量降低、农民收入减少给予相应的调水补偿；补偿方式包括国家财政转移支付的纵向经济补偿、省级政府间财政转移支付的横向经济补偿和弥补粮食产区利益损失的政策倾斜补偿；为保障汉江流域中下游粮食产区利益补偿机制的后期实施与长效运行，需同步推进科学动态规划中线工程年均调水水量、制定粮食补偿协商条例与指导意见、建立多部门参与的补偿监督机制、多渠道筹措粮食补偿资金、构建补偿激励约束机制和奖惩制度等。在遵循"谁受益、谁补偿"原则的基础上,引导调水受益省区市规划建立调水补偿基金,在极端降水情景年份下对汉江流域中下游粮食产区进行合理补偿,补偿规模应以水量调入量为依据,转移支付给承担粮食生产重任的地方政府,用于弥补农户的经济损失、加强主产区农田基础设施建设、种粮补贴和农业产业化,从而提高主产区粮食生产供应效率,维系汉江流域中下游农业可持续发展。

第三篇

调水对农业用水效率影响

　　农业生产关乎国民经济的长期稳定发展,水资源作为农业生产的重要资源要素之一,农业用水效率提升是保障我国农业安全生产和提高粮食生产能力的有效途径。南水北调中线工程的实施,将对我国南北水资源的分配产生较大影响。本篇开展了南水北调中线调水工程对汉江流域中下游农业用水效率的影响及其提升路径研究,选用SBM-DEA模型、Malmquist-DEA指数模型、投入冗余分析模型,选取汉江流域中下游19县市区为决策单元,对研究区域内2010—2021年的农业用水效率进行测算,通过构建Tobit模型,将南水北调中线工程是否运行以虚拟变量的形式加入回归模型作为核心解释变量,再从产业结构、用水结构、种植结构、灌溉条件、资金支持这五个方面选取指标作为控制变量进行回归分析并完成相关检验,最后依据上述实证结果提出中线调水背景下汉江流域中下游农业用水效率的提升对策。

第七章 汉江流域中下游农业
用水效率分析

汉江流域的作物种植类型多样,具有南北兼具的特色,我国的主要粮食作物在该区域均有种植。汉江中下游地区是湖北省经济发展的重要轴线,是汉江产业带的重要组成部分,其农业生产在全国占有重要地位,粮、棉、油、鱼的产量及发展均有很大潜力。无论从国家还是从地区的角度来看,确保其粮食的供给都具有重要意义。汉江流域的农业生产是关系汉江流域以及整个湖北省经济和政治稳定的重要问题之一。南水北调中线工程从丹江口水库调水,造成水库下泄流量减少、水位降低,势必会对汉江流域中下游地区的水资源供需关系产生影响。特别是汉江中下游的水位、流量过程曲线发生改变,将导致该区域水资源可利用量减少,水资源可利用率也会随之产生相应程度的变化。因此,度量南水北调中线工程调水对于汉江流域农业用水效率及其资源配置的影响,有助于厘清影响农业生产中水资源利用效率的规律,进而有的放矢地改善农业生产投入要素的资源配置,提高粮食生产过程中的水资源配置效率。

汉江流域地域辽阔,文化悠久,农业发展较早,粮食作物以水稻、冬小麦为主,江汉平原是我国主要的商品粮基地之一,汉中盆地更是全国重要的农业区和商品粮基地,流域内的农业发展及其粮食生产对全国有突出贡献。同时,汉江的黄金峡水库、丹江口水库等是我国重要的战略水源地,南水北调中线和"引汉济渭"跨流域调水工程,承担着我国北方三省(河南、河北、陕西)二直辖市(北京、天津)的供水任务,汉江流域境内也存贮有较丰富的水资源。2018年10月,由国务院批复的《汉江生态经济带发展规划》,又使汉江流域及其沿江省市迎来了高质量发展的重大契机。因此,分析汉江流域中下游地区农业用水效率状况,并探究南水北调中线工程对农业用水效率的影响机理,实现水资源高效利用与农业安全生产具有重要学术价值和现实意义。本章内容旨在分析汉江流域中下游地区农业用水效率时序变化特征,并测算投入-产出冗余度,评估调水对农业用水效率的影响,提出提升汉江流域中下游农业用水效率的针对性措施。

7.1 汉江流域中下游农业用水效率指标选取与模型构建

7.1.1 农业用水效率指标选取

目前,学界对农业用水效率的内涵尚未形成统一定义,部分学者认为农业用水效率就是指农业灌溉水资源的有效利用程度,是反映农业用水从水源经过输配水系统输送到田间,并储存在作物根系层被作物消耗利用的程度,通常以灌溉水利用系数、灌溉水利用率等指标来表达灌溉用水效率;部分学者从农业用水效益角度出发,提出用作物水分生产率、作物水分利用效率等指标来评价灌溉用水效率。以上均是从狭义角度来表达灌溉用水效率。但农业水资源的使用作为"人—自然—社会"相互作用下的复杂系统,在评价用水效率时应从水资源可持续利用角度出发,必须要考虑社会经济影响和可持续发展,而并非只注重农业水资源利用的效率和效益,因此,农业用水效率应包含水资源投入情况、劳动力投入、资本投入、灌溉技术水平及生态环境等方面,农业用水效率评价应本着系统、全面的原则进行,通过多个指标测算农业用水的有效利用程度和投入-产出效益,最终达到在维持区域良性发展的前提下,实现以最少的水量投入获取尽可能多的农作物产量和收入。

以行政单元为研究尺度,分析汉江流域中下游湖北省境内农业用水效率及南水北调中线工程对其产生的影响。基于数据信息的可获取性以及政策效应的滞后性,本书将研究区间设定为 2010—2021 年。此外,在研究样本数据的处理中,为保证数据的连续性、完整性,对于年鉴中缺少的部分数据,采用以下方法进行插补:湖北省缺失的部分灌溉面积和农业机械总动力数据,由于年鉴统计了市级数据,本书用县(市、区)级耕地面积占市级耕地面积比计算得到;2018—2021 年农业从业人员缺失数据,采用其他年份计算的平均增长率估算。统计数据主要来源于 2010—2021 年的湖北省《农村统计年鉴》、各市《统计年鉴》和《水资源公报》等,从而得到县(市、区)级面板数据。农业用水效率投入-产出指标体系详见表 7.1.1。通过文献分析,本书借鉴 Hu 等[①]对于用水效率的测度,将农业用水效率定义为在农业生产过程中,

---

① HU J L, WANG S C, YEH F Y. Total-factor water efficiency of regions in China[J]. Resources Policy, 2006, 31:217-230.

多种要素投入的前提下,达到最优技术效率所需投入的最少供水量与实际用水量的比值。农业用水效率的测算涉及投入要素和产出要素,本书所考虑的投入要素包括劳动力投入量、土地投入量、农业机械投入量、化肥投入量和水资源投入量,产出要素为农业产量。以狭义的农业——种植业为研究对象。为更直观地反映农民农业生产劳作成果,将农作物产量作为产出变量;同时为剔除价格因素的影响,将相关数据折算为以 2009 年为基期的可比数据;由于劳动指的是种植业中的劳动者人数,而这个数据在统计年鉴中未公布,故借鉴已有方法,以农业产值占农林牧渔产值的比重作为权数,将农业生产投入要素中的劳动力从农林牧渔从业人员中分离,下面对指标进行逐一介绍。

(1)产出变量

本书选取广义的农作物产量(万 t),即农业生产经营者日历年度内生产的全部农作物产量作为产出变量。

(2)投入变量

劳动力投入。劳动力是农作物生产过程中的关键因素之一,本书以年底农林牧渔业从业人员数量(万人)$\times A$[①]表示。

土地投入。为全面衡量农业生产实际播种过程中与播种季后的补种、休种的作物面积,以及考虑到农业复种、休耕和弃耕等现象,更客观地体现土地利用率,选取农作物播种面积(hm²)作为土地投入。

机械投入。由于不同机械设备的动力不同,故不同地区的设备会存在较大差异。本书的机械投入以各类拖拉机、运输机动力等机械的动力总和,即农业机械总动力(kW·h)来表示。

化肥投入。农作物生长过程中不能缺少化肥资源的投入,本书将农用化肥的施用量(t)来表示农业生产过程中的化肥投入。

水资源投入。水资源是农业生产中最重要的基础性资源之一,是保障农业生产的基本支撑,考虑到数据的可得性和连续性,选取农业用水量(亿 m³)指标来表示,由于各县市用水量统计口径存在差异,部分县市农业用水量数据通过生产用水量的合理折算补齐。

上述投入产出指标及有关描述和说明如表 7.1.1 所示。

---

① *A* 为农业产值与农林牧渔业产值的比例。

表 7.1.1　农业用水效率投入-产出指标

变量类型	变量	变量解释	单位
	投入变量	农作物播种总面积	土地投入	hm²
农业用水效率	投入变量	农用机械总动力	机械投入	kW·h
		农用化肥施用量	化肥投入	t
		农业生产从业人员	劳动力投入	万人
		农业用水量	水资源投入	亿 m³
	产出变量	农作物产量	农业产出	万 t

7.1.2　SBM-DEA 模型构建

运用全局 SBM 模型,选取汉江流域中下游 19 县市区为决策单元(Decision Making Unit,DMU),对研究区域内 2010—2021 年的农业用水效率进行测算。

1978 年,美国运筹学家 Charnes[1] 首次提出了基于线性规划的数据包络分析法(DEA),它可以有效地评估多种投入与产出之间的效率,并且已经被普遍采用。DEA 模型是一种用于评估决策单元生产效率的方法,它通过线性规划来确定最佳前沿面,并使用距离函数来估算各个 DMU 的生产效率。DEA 模型通常以径向视角来划分,主要包括两种类型:规模报酬不变的 CCR 模型和规模报酬可变的 BCC 模型。本书借鉴 Tone[2] 在 2001 年提出的非径向非导向的 SBM-DEA 模型,并在此基础上,以汉江流域 19 县市区为研究区域,利用该模型计算了区域尺度上的农业用水效率,具体思路如下。

研究区域共有 n 个决策单元 DMU_j,$j=1,2,\cdots,n$;每个决策单元均有生产要素投入 m 个,$i=1,2,\cdots,m$;期望产出 R_1 个,$r=1,2\cdots,R_1$;非期望产出 R_2 个,$c=1,2,\cdots,R_2$,具体模型如下:

$$\min\rho = \frac{\dfrac{1}{m}\left(\sum_{i=1}^{m}\dfrac{\overline{x}}{x_{ik}}\right)}{\dfrac{1}{R_1+R_2}\left(\sum_{r=1}^{R_1}\dfrac{\overline{y}}{y_{rk}}+\sum_{c=1}^{R_2}\dfrac{\overline{z}}{z_{ck}}\right)} \tag{7-1}$$

① CHARNES A,COOPER W,RHODES E. Measuring the efficiency of decision making units [J]. European Journal of Operational Research,1978,2(6):429-444.

② TONE K. A slacks-based measure of efficiency in data envelopment analysis [J]. European Journal of Operational Research,2001,130(3):498-509.

约束条件为

$$s.t.\begin{cases} \overline{x} \geqslant \sum_{j=1,\neq k}^{n} x_{ij}\rho_j, i=1,2,\cdots,m \\ \overline{y} \geqslant \sum_{j=1,\neq k}^{n} y_{rj}\rho_j, r=1,2,\cdots,R_1 \\ \overline{z} \geqslant \sum_{j=1,\neq k}^{n} z_{cj}\rho_j, c=1,2,\cdots,R_2 \end{cases} \qquad (7-2)$$

$$\overline{x} \geqslant x_k, \overline{y} \geqslant y_k, \overline{z} \geqslant z_k, \rho_j \geqslant 0, \ j=1,2,\cdots,n$$

式中：$\overline{x}$、$\overline{y}$、$\overline{z}$ 为决策单元的投入、期望产出和非期望产出的松弛量；x_{ik}、y_{rk}、z_{ck} 和 x_{ij}、y_{rj}、z_{cj} 分别为第 k 个和第 j 个决策单元的第 i 项投入、第 r 项期望产出和第 c 项非期望产出；ρ_j 为第 j 个决策单元的权重系数。

7.1.3　Malmquist-DEA 模型

为研究汉江流域农业用水效率的动态变化，本书采用 Fare 等提出的 Malmquist 生产率指数分析不同时期效率变动情况。Malmquist 生产率指数可以进一步分解为技术效率变动（TEC）与技术变动（TC）。其中，技术效率变动是 t 与 $t+1$ 时期之间的相对效率变化指数，主要指资源管理水平、生产规模等改善引起的效率提高；技术变动主要是技术进步和创新的结果，使生产可能性边界外移。Malmquist 生产率指数可以分析近年来决策单元效率变动的情况及原因。

$$M_t(x^{t+1},y^{t+1};x^t,y^t) = \left[\frac{D_i^t(x^{t+1},y^{t+1})}{D_i^t(x^t,y^t)} \cdot \frac{D_i^{t+1}(x^{t+1},y^{t+1})}{D_i^{t+1}(x^t,y^t)}\right]^{\frac{1}{2}} \qquad (7-3)$$

式中：$D_i^t(x^{t+1},y^{t+1})$ 表示第 i 个省市以第 t 期的生产可能性边界为参照的 $(t+1)$ 期的距离函数；$D_i^t(x^t,y^t)$ 表示第 i 个省市以第 t 期的生产可能性边界为参照的当期的距离函数。

根据 Fare 等的研究，可将 Malmquist 生产率指数的变动分解为技术效率变动与技术变动。

$$TEC(x^{t+1},y^{t+1};x^t,y^t) = \frac{D_i^t(x^{t+1},y^{t+1})}{D_i^t(x^t,y^t)} \qquad (7-4)$$

$$TC(x^{t+1},y^{t+1};x^t,y^t) = \left[\frac{D_i^t(x^{t+1},y^{t+1})}{D_i^{t+1}(x^{t+1},y^{t+1})} \cdot \frac{D_i^t(x^t,y^t)}{D_i^{t+1}(x^t,y^t)}\right]^{\frac{1}{2}} \qquad (7-5)$$

式中：$TEC(x^{t+1}, y^{t+1}; x^t, y^t)$ 是规模报酬不变且要素自由处置条件下 t 与 $t+1$ 时期之间的相对效率变化指数；$TC(x^{t+1}, y^{t+1}; x^t, y^t)$ 主要是技术创新、技术引进的结果，可使生产可能性边界外移。

7.1.4 冗余比例计算

在 SBM-DEA 模型的基础上，可对 DMU 进行投入冗余研究，具体公式如下：

$$l_{mj} = s^-_{otmj} / x_{mj} \tag{7-6}$$

式中：s^-_{otmj} 为第 j 个 DMU 第 m 个投入的冗余量；x_{mj} 表示第 j 个 DMU 第 m 个投入量；l_{mj} 是投入冗余比例。对于有效 DMU，投入冗余比例为 0；对于无效 DMU 或弱有效 DMU，至少有一个投入素的冗余比例不为 0。

7.2 汉江流域中下游农业用水效率测算结果分析

在对上述 19 县市区的投入产出数据进行处理之后，运用 Stata 软件，采用 SBM-DEA 模型对汉江流域 19 个县市区 2010—2021 年的农业用水效率进行测度，当效率值大于等于 1 说明该区域的农业用水效率达到有效；效率值小于 1，则说明该区域农业用水效率仍有可上升的空间。图 7.2.1 为 2010—2021 年汉江流域中下游 19 县市区农业用水效率均值。

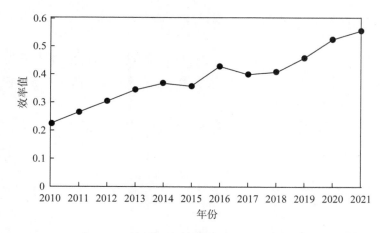

图 7.2.1 2010—2021 年汉江流域中下游 19 县市区农业用水效率均值

7.2.1　SBM-DEA 模型结果分析

综合效率(TE)是对 DEA 决策单元的资源配置能力及使用效率等的综合衡量与评价,可分为纯技术效率(PTE)和规模效率(SE)。从 SBM-DEA 运行结果中选取 5 个典型年呈现,计算结果见表 7.2.1,汉江流域农业用水效率达到有效($TE=1$)的县市数量呈波动变化,但到 2021 年也仅有 4 个县市,可见,农业用水资源配置效率有待进一步提高。PTE 值在考察期间波动幅度不大,2021 年汉江流域中下游 19 县市区 PTE 平均值达到了 0.660,但整体上农业用水纯技术效率在降低。SE 值有波动,但趋于稳定,规模收益递减的县市数量由 2015 年后有逐渐减小的趋势,规模收益不变的县市数在增加。由此看来,大部分县市农业用水效率未达到最优水平,不同县市应该根据其所处阶段对农业生产的资源投入进行调整投入规模、优化资源配置规划。

具体来看,TE 和 PE 指数变化呈现波动趋势,主要分为三个阶段。第一阶段,2010—2012 年处于增长状态。究其原因在于,为抢抓南水北调中线工程实施带来的历史机遇,探索我国内河流域综合开发的新模式,汉江流域湖北省政府在 2011 年 10 月制定并出台了《湖北省汉江流域综合开发总体规划(2011—2020 年)》,规划的实施有利于加快流域水利建设,推进流域水资源综合利用,带动了汉江流域农业用水效率进一步提升。第二阶段,2013—2015 年农业用水效率出现小幅度降低,2014 年作为南水北调中线工程的开局之年,该年份下汉江流域的生态环境保护以及经济社会的可持续发展都受到了不同程度的影响。工程实施之后,丹江口水库以下的水流量开始减少,水位也逐渐下降,水环境容量减少,水土流失严重,由此导致农业灌溉用水减少。第三阶段,2016—2021 年间呈上升趋势。在该时期内,水利部印发的《计划用水管理办法》政策效果凸显,强调落实最严格水资源管理制度,强化用水单位的用水需求和过程管理,提高计划用水管理规范化、精细化水平,进一步控制用水总量,提高用水效率。

表 7.2.1　2010—2021 年典型年份汉江流域中下游 19 县市区农业用水效率变化

效应类型	指标	2010 年	2012 年	2015 年	2018 年	2021 年
综合效率	平均值	0.812	0.781	0.526	0.556	0.580
	$TE=1$ 的地区数	6	7	3	4	4

续表

效应类型	指标	2010 年	2012 年	2015 年	2018 年	2021 年
纯技术效率	平均值	0.861	0.832	0.656	0.612	0.660
	$PTE=1$ 的地区数	7	7	4	3	6
规模效率	平均值	0.946	0.936	0.814	0.885	0.873
	$SE=1$ 的地区数	4	6	2	3	5
规模收益	不变的地区	4	6	2	3	5
	递增的地区	2	1	1	2	0
	递减的地区	13	12	16	14	14

注:当规模效率为 1 时,表示该县市区处于规模报酬不变阶段;当规模效率小于 1 时,表示规模报酬递减;当规模效率大于 1 时,表示规模报酬递增。

7.2.2 Malmquist-DEA 指数结果分析

对汉江流域中下游 19 个县市区农业用水效率的投入和产出数据进行分析,得到 Malmquist 生产率指数及其分解变化情况(表 7.2.2),展示出技术效率指数变化、技术进步指数变化、纯技术效率和规模效益变化。若测算指数变化数值大于 1,则表明效率呈增长趋势;若测算指数变化数值小于 1,则表示效率呈下降趋势。对于规模效率,若变化数值大于 1,则表明接近固定规模报酬;若变化数值小于 1,就表明与固定规模报酬有较大差距。

结果显示,2010—2021 年,汉江流域农业用水 Malmquist 生产率指数增加了 10%,技术效率指数下降了 1.3%,技术进步指数增加了 12.2%。可见,汉江流域农业用水生产率的提高主要来源于技术进步指数的增长。可能原因在于,近年来,汉江流域湖北地区对于新开发技术的使用和推广能力增强,在农业生产过程中农户也表现出较高的技术文化水平。同时受 2018 年国家粮食和物资储备局印发的《国家粮食技术转移中心管理办法(试行)》的影响,这一管理办法的出台是为了进一步完善粮食科技创新体系,提升粮食科技供给与转移扩散能力,粮食生产科技转移扩散引起技术进步的上升,并因此提高农作物的生产效率,使得流域内的用水效率指数上升。从纯技术效率角度来看,汉江流域整体呈下降趋势,原因可能在于新技术的开发创新和推广方面的优势不足,造成技术效率降低。技术效率改进与农业生产过程中的资源配置、管理效率的改善以及劳动力素质的提高等方面有关,各县市可以从管理水平、资源配置优化等方面提高农业用水效率。

表 7.2.2　2010—2021 年汉江流域中下游 19 县市区

Malmquist 生产率指数分解与均值

年份	技术效率指数 TEC	技术进步指数 TC	纯技术效率 PEC	规模效率 SEC	Malmquist 生产率指数
2010—2011	0.997	1.189	0.996	1.003	1.184
2011—2012	0.965	1.201	0.950	1.018	1.187
2012—2013	0.939	1.224	0.967	0.977	1.122
2013—2014	1.005	1.078	1.014	0.997	1.092
2014—2015	0.946	1.148	0.974	0.979	1.064
2015—2016	1.000	1.107	0.980	1.028	1.141
2016—2017	0.973	1.012	0.967	1.006	0.991
2017—2018	1.003	1.006	1.002	1.000	1.010
2018—2019	1.052	1.080	1.046	1.006	1.144
2019—2020	1.012	1.069	1.005	1.008	1.092
2020—2021	0.987	1.122	1.020	0.971	1.074
均值	0.989	1.112	0.993	0.999	1.100

7.3　汉江流域中下游农业用水效率投入冗余分析

2010—2021 年汉江流域农业生产资源投入要素存在冗余,且部分要素的冗余情况较为严重。2010—2021 年汉江流域农业生产资源投入要素和期望产出的冗余及不足情况见图 7.3.1,其中,距离中心点越近表示对应的投入要素的冗余程度越低、期望产出不足的程度越低;距离中心点越远,对应的投入要素或非期望产出冗余程度越高、期望产出不足的程度越高。

由图 7.3.1 可以看出,2010—2021 年汉江流域资本投入、劳动力投入、化肥投入、土地投入和水资源投入平均冗余度分别为 36.53%、10.98%、40.11%、30.51% 和 30.22%,整体机械和化肥投入要素冗余情况较为突出,而期望产出要素 GDP 不足,需增加 18.64%。这表明化肥投入过量是导致农业用水效率低下的第一大原因,这可能与地区农业生产模式有关。农业生产大面积栽培管理粗放、过量使用化肥农药等,导致农业投入过大、农民增产不增收,且高强度的化肥投入导致土壤性状恶化,造成了农业用水效率在一定程度上的损失。农业机械总动力投入过量是导致农业用水效率损失的第二大原因,汉江流域湖北省内农业存在"重工程措施、轻农艺措施"的倾向,忽视农艺、农机、生物、化学等措施在农业中的地位与作用。许多经济成本相对较低、水资源利用率高、农民容易接受的节水省肥农艺技术,如土壤改良、秸秆覆盖、沟垄耕作等措施因缺乏重视而未能发挥其应有的作用。土地和水资源投入都在一定程度上冗余,说明该流域在农业生产中还存在较大的土地和水资源浪费。总体来看,劳动力投入冗余率不高,说明农业生产劳动力分配结构较为合理。

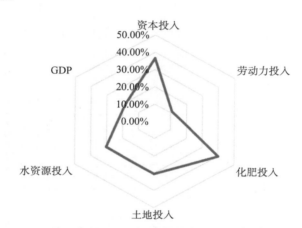

图 7.3.1 2010—2021 年汉江流域中下游 19 县市区农业生产资源投入-产出冗余情况

研究按照自然条件和地理位置因素,将汉江流域湖北省境内 19 县市区分为西北部、北部、中部和东南部四大地区,见表 7.3.1。2010—2021 年汉江流域各区域农业生产资源投入-产出冗余情况见图 7.3.2。从投入要素角度来看,2010—2021 年,汉江流域湖北省境内北部地区、中部地区和东南地区的农业用水资源投入冗余情况较为严重,多数农业资源投入要素冗余均远超西北地区。其中,资本投入冗余度分别为 45.38％、50.43％和 35.94％,化肥投入冗余度分别为 48.27％、50.93％和 37.73％,土地投入冗余度分别为 36.61％、41.38％和 29.92％,水资源投入冗余度分别为 29％、36.02 和 40.28％。

中部地区农业生产各投入要素冗余度最高,而西北地区冗余度最低,原因可能是中部地区面积广阔,地势平坦,农业水土资源丰富,是湖北省最主要的产粮区,但由于缺少有效的农业用水管理政策,从而导致农业生产投入要素利用率低。西北地区受地形因素影响,农业以玉米和冬小麦等旱作物种植为主,作物生长过程中对各投入要素需求较低,且生物资源丰富,自然降水可以较大程度满足作物需水,农业生产资源利用率较高。从产出角度出发,在考察期内,西北地区、北部地区、中部地区和东南地区的期望产生不足度分别为 7.4%、14.21%、13.79%和33.06%,东南地区产出不足程度明显高于其他地区。究其原因,东南部为江汉平原的组成部分,地势平坦、土壤肥沃,灌溉条件十分优越,受气候因素影响,光热水条件好,农业资源具有明显优势,是全省重要的粮食作物生产基地,农业用水利用效率尚可。但农田水利工程滞后,缺乏科学的用水管理政策和合理高效的节水灌溉技术,由于水资源禀赋丰富,农民水资源节约意识不强,农业用水大多采取传统漫灌的方式,造成资源的浪费,导致农业生产要素投入与产出不匹配,严重制约农业发展。

表 7.3.1　汉江流域中下游 19 县市区划分

地区	县市
鄂西北地区	房县、神农架林区、保康县、谷城县
鄂北部地区	老河口市、南漳县、襄阳市区、枣阳市、宜城市
鄂中部地区	荆门市区、钟祥市、沙洋县、京山市
鄂东南地区	天门市、潜江市、应城市、汉川市、仙桃市、武汉市

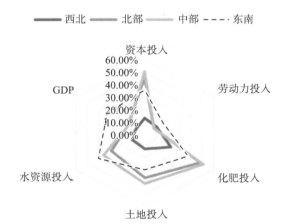

图 7.3.2　2010—2021 年汉江流域各区域农业生产资源投入-产出冗余情况

7.4 本章小结

本章首先选取衡量汉江流域中下游 19 县市区农业用水效率的投入-产出指标,构建衡量农业用水效率的投入-产出指标体系,然后采用 SBM-DEA 模型、Malmquist-DEA 指数对农业用水效率进行测算分析,并在此基础上对生产要素进行投入冗余分析。根据前文的分析结果,主要得出以下结论。

一是部分地区农业用水综合效率较低,存在进一步提高的空间,不同地区的农业用水效率存在异质性。通过研究可知,规模效应在提升汉江流域中下游 19 县市区农业用水效率中并非主要的动力,但仍然不能忽略农业生产过程中农作物生产规模对于农业用水效率的重要影响。

二是技术进步在促进汉江流域中下游 19 县市区农业用水效率提升中发挥了重要作用,同时技术效率在农业生产过程中的作用也不容小觑。因此,需要同时从技术进步和技术效率两个角度出发,助推二者协调发展以实现汉江流域农业用水效率的提高。

三是与汉江流域中下游 19 县市区最优的农业用水效率相比较,不同地区农业生产要素存在不同程度的投入冗余。整体来看,化肥投入冗余比例最高,然后依次是资本投入、土地投入和水资源投入。不同区域冗余程度存在差异,中部的荆门市区、钟祥市、沙洋县、京山市各种生产要素冗余程度最高,房县、神农架林区、保康县、谷城县等西北地区投入冗余程度最低,这可能与相关地区的农业生产模式有关。

第八章 中线调水对汉江流域中下游
农业用水效率影响的实证分析

水是农业生产不可或缺的物质基础,也是制约农业可持续发展的关键因素。随着工业化和城镇化进程加快,农业用水被工业和生活用水大量挤占,与此同时,粮食生产与水资源空间分布的严重不平衡,加剧了区域农业用水紧缺和粮食持续稳产增产之间的矛盾,提高农业用水效率则是破解这一矛盾的关键。当前我国粮食生产水资源利用率不高,与世界先进水平差距较大。其中,灌溉条件下每立方米水粮食产量为 1.1 kg,远低于发达国家 2.5~3.0 kg 的产出水平;雨养条件下的粮食亩产低于发达国家约 20%[①]。提高农业用水效率,是当前亟待解决的关键问题。中线调水工程运行后,受丹江口水库下泄流量减少的影响,汉江下游多年平均流量下降了 11.5%,流量年内分配趋于不均匀,流量变幅增大,调水政策与汉江流域中下游其他用水部门需水的双重压力可能会导致农业用水面临缺口。在当前农业可用水总量总体稳定的前提下,农业实现节水增效是必然途径,探究调水政策与农业用水效率的关系具有重要的现实意义。在第七章中选用 SBM-DEA 方法估计了汉江流域农业用水效率,为进一步剖析用水效率产生差异的影响因素对用水效率的作用方向和影响强度,本章使用汉江流域中下游 19 县市区的面板数据来研究南水北调中线工程的实施对本地区农业用水效率的作用机制。

8.1 模型设定与数据处理

在构建中线调水对汉江流域中下游农业用水效率实证分析模型时遵循的思路是使用汉江流域中下游 19 县市区的面板数据来研究南水北调中线工程的实施对汉江流域农业用水效率的影响,以调水是否运行作为虚拟变量,分析中

---

① 徐依婷,穆月英,张哲晰.中国粮食生产用水效率的影响因素及空间溢出效应[J].华中农业大学学报(社会科学版),2022(4):76-89.

线调水对农业用水效率的影响变化情况,最后对计量结果做稳健性检验并分析结论。模型设计框架见图 8.1.1。

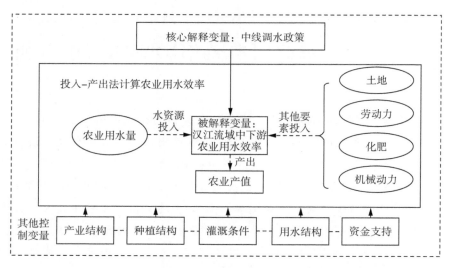

图 8.1.1 中线调水对汉江流域中下游农业用水效率影响的模型框架

8.1.1 变量选取与数据统计

为研究中线调水对汉江流域中下游农业用水效率的影响,本书将 2014 年南水北调中线开始调水作为政策起始点,构建 Tobit 模型进行分析,模型中各变量的具体含义如表 8.1.1 所示。

表 8.1.1 变量类型、名称及对应的含义

变量类型	变量名称	变量符号	单位	变量含义
被解释变量	农业用水效率	Eff		第七章测算结果
核心解释变量	中线调水政策	Whe		南水北调中线工程是否运行
控制变量	产业结构	Is	%	第一产业产值/总产值
	用水结构	Paw	%	农业用水量/总用水量
	种植结构	Pfc	%	粮食作物种植面积/耕地总面积
	灌溉条件	Eil	$\times 10^3$ hm^2	有效灌溉面积
	资金支持	Iwc	万元	水利建设投资

（1）被解释变量

以第七章测算出的汉江流域农业用水效率（Eff）为被解释变量。

（2）核心解释变量

南水北调中线工程是否运行（Whe）：由于跨流域调水工程对汉江流域中下游农业用水效率的影响选用具体指标衡量时容易出现偏差，本书以 0—1 政策虚拟变量的形式表征工程实施对用水效率的影响。以 2014 年南水北调中线工程实施为分界点，2014 年以前 Whe 值均为 0（含 2014 年），2014 年之后 Whe 值为 1。

（3）控制变量

粮食生产系统内部，除水资源外，还涉及土地、劳动力等要素的投入，生产系统内部的相对效率测算是从投入-产出层面直观反映粮食生产水资源利用水平特征；而生产系统外部的经济、社会、自然环境等因素则是从宏观层面剖析造成地区间农业用水效率差异的深层原因。在水资源供需结构方面，需求侧的用水结构体现了水资源在农业与非农部门之间的配置，可通过减少农业用水倒逼用水效率的提升。在要素匹配方面，水土资源匹配度越低，表明单位耕地面积的农业水资源越稀缺，可能会产生短板效应限制农业生产效率的改善，造成农业用水效率损失，但是在单位耕地面积水资源相对稀缺的地区，农业生产者可能具有较强的风险意识和节水认知，会促进水资源的合理配置和节水技术采用，刺激地区农业用水效率提高。在政策制度方面，财政支农强度可通过影响农业技术创新、科研成果转化和农业灌溉基础设施建设，对农业用水效率产生影响。在资源禀赋方面，水资源是农业发展的刚性约束，较高的水资源禀赋有助于满足作物生长需水，同时也可能加剧农业生产者的浪费行为，导致用水效率降低。在生产条件方面，除节水技术外，种植结构和生产资料价格可通过作物需水规律、要素之间的替代或互补效应影响农业用水效率。在农业经济发展方面，产业结构、城镇化率和农产品贸易分别反映了工业化、城镇化进程和农业经济对外开放的程度，一方面通过影响水资源、劳动力等生产要素的配置，另一方面通过贸易往来影响新型农业技术和生产管理方式的交流和引进，对农业用水效率产生影响。

本书旨在研究调水对汉江流域中下游农业用水效率的影响，在选择控制变量时充分考虑相关性和数据可获得性，根据 19 县市区农业发展的不平衡性和特殊性，从地区经济发展、区域特点、灌溉条件、资金投入以及地方水情等角度出发，引入可能影响用水效率的其他控制变量。

①产业结构。考虑地方产业结构对农业用水及其效率的影响,这里将产业结构作为控制变量之一。鉴于粮食生产属于农业生产范畴,选取第一产业占比指标(Is),具体表达为第一产业的产值和与总产值的比重,反映汉江流域的经济水平状况。

②用水结构。由上文分析可知,南水北调中线工程的实施可能会改变研究区域内的水资源可利用量,因此可以推断,可用水量的变化按照用水优先次序排列,会进一步影响汉江流域的用水结构。本书以农业用水占比指标(Paw)反映用水结构的改变。

③种植结构。不同粮食作物对水资源的需求有差异,水资源禀赋和用水结构的改变对于不同作物可能有不同程度的影响,因此粮食作物的种植面积占耕地面积的比例可能会体现在用水效率的差异上,故本书选取汉江流域主要粮食作物的种植比率(Pfc)作为种植结构方面影响农业用水效率的指标。

④灌溉条件。本研究选取有效灌溉面积指标(Eil)反映各县市农业生产用水条件,有效灌溉面积是指灌区现有工程设施可实际控制的灌溉面积,是由灌区工程建设配套完好状况和灌溉耕地状况确定的,可以反映灌区当前最大的灌溉工程控制能力,也能反映耕地的抗旱能力。有效灌溉面积更关注于确保水资源的有效利用,以支持农作物的生长和提高农业产量。

⑤资金支持。水利工程作为农业发展的重要组成部分,对于农业经济发展有着至关重要的影响。农田灌溉能够为农作物生产提供宝贵的水源,同时也能够整体优化农作物的生长质量,水利工程的建设在很大程度上能够优化农田灌溉,同时还能够节约与保护农田灌溉用水。水利建设资金投入是水利工程建设的重要基础,对保障流域供水安全、粮食安全、生态安全具有重要作用,也会对农业用水效率产生影响。

基于数据信息的可获取性以及政策效应的滞后性,文章将用水效率影响因素的研究区间设定为2010—2021年。统计数据主要从《湖北统计年鉴》《湖北省水资源公报》《湖北农业农村统计年鉴》及各县市统计年鉴等多个渠道获取,部分缺失数据主要采用均值和指数平滑法补齐。在本次实证分析之前,对所有采集的变量数据进行详细的描述性统计分析,以便更好地理解它们之间的关系,变量描述性统计分析见表8.1.2。为了减少可能出现异方差现象及极端值的影响,除了产业结构、用水结构、种植结构三个比率型的数值,其余均进行对数化处理,本研究所选取的变量包含汉江流域中下游2010—2021年19个县市区的面板数据,样本观测值为228个。由呈现在表中的各变量的平均值、标准差、最值等统计量可知，各变量的统计特征符合事实特征。

表8.1.2　变量描述性统计分析

变量类型	变量名称	样本	均值	标准差	最小值	最大值	符号表达
被解释变量	农业用水效率	228	0.380	0.190	0.160	1	Eff
核心解释变量	中线调水政策	228	0.580	0.490	0	1	Whe
控制变量	产业结构	228	15.35	5.310	4.970	31.80	Is
	用水结构	228	0.640	0.130	0.350	0.930	Paw
	种植结构	228	0.420	0.350	0	1.770	Pfc
	灌溉条件	228	3.740	1.290	-1.560	7.010	$lnEil$
	资金支持	228	10.99	1.140	5.350	14.40	$lnIwc$

根据文章选取的影响因素指标，最终的回归模型设定为

$$Eff_{it} = \beta_1 Whe_{it} + \beta_2 Is_{it} + \beta_3 Paw_{it} + \beta_4 Pfc_{it} + \beta_5 lnEil_{it} + \beta_6 lnIwc_{it} + \varepsilon_{it}$$

$$(8-1)$$

式中：Eff_{it} 为农业用水效率；Whe_{it} 为是否运行南水北调中线工程虚拟变量，"是"，变量为1，"否"，变量为0；Is_{it}、Paw_{it}、Pfc_{it}、$lnEil_{it}$、$lnIwc_{it}$ 分别表示第一产业产值/总产值（%）、农业用水量/总用水量（%）、粮食作物种植面积/耕地总面积（%）、有效灌溉面积对数值、水利建设投资对数值；$\beta_1 \sim \beta_6$ 为上述影响因素的相关系数；ε_{it} 为误差项。

8.1.2　平稳性检验

单位根检验又称平稳性检验，数据平稳性检验是模型估计前必不可少的环节，是用于检验放入模型之中的面板数据是否存在易造成伪回归结果的时间序列不平稳现象，从而确保模型拥有较高的解释力。平稳性检验方法有同根LLC检验、不同根 Im-Pessaran-Shasn（IPS）检验、FisherADF 检验等，本研究使用 LLC 和 IPS 检验法对 Tobit 回归模型中的指标进行检验。表 8.1.3 检验结果显示，所有变量在1%或5%的显著性水平上通过 LLC 和 IPS 检验，拒绝了存在单位根的原假设，说明所有变量均是平稳的。

表 8.1.3 各变量单位根检验结果

变量	LLC 检验	p	Im-Pessaran-Shasn	p
Eff	$-3.413\,8^{***}$	0.000 3	$-4.010\,5^{***}$	0.000 0
Is	$-8.743\,8^{***}$	0.000 0	$-3.597\,3^{***}$	0.000 2
Paw	$-7.484\,9^{***}$	0.000 0	$-3.562\,6^{***}$	0.000 2
Pfc	$-9.541\,2^{***}$	0.000 0	$-6.578\,2^{***}$	0.000 0
$lnEil$	$-8.379\,5^{***}$	0.000 0	$-3.490\,6^{***}$	0.000 2
$lnIwc$	$-6.100\,2^{***}$	0.000 0	$-4.656\,7^{***}$	0.000 0

注:统计量后的 ***、**、*分别表示 1%、5%、10% 水平显著。

8.1.3 多重共线性检验

多重线性回归的目的是防止解释变量指标之间的高度相关性会影响到模型回归估计的准确性和科学性,一般用面板数据序列的 VIF 值来判断是否存在多重共线性,VIF 值小于 10 则可以认为各变量指标之间不存在多重共线性。汉江流域农业用水效率影响因素模型中变量的 VIF 值计算结果见表 8.1.4。

表 8.1.4 Tobit 回归模型多重共线性检验

变量	VIF	$1/VIF$
Whe	1.37	0.73
Is	1.51	0.662
Pfc	1.3	0.77
Paw	1.34	0.744
$lnEil$	2.03	0.493
$lnIwc$	1.83	0.546
VIF 均值	1.56	

经过计算可以发现,在此模型中,所有变量的方差膨胀因子都小于 10。此外,所有变量的 VIF 平均值在 1.56 左右,这表明在这个模型中,所有解释变量之间不存在多重共线性,因此可以确保回归结果具有较高的准确性。

8.2　Tobit 影响因素回归模型

8.2.1　Tobit 回归模型

数据包络分析法可用于评价不同地区决策单元之间的相对效率,并且可以根据松弛变量对非 DEA 有效个体的改进建议进行修正改进。但影响整体效益的因素分析还需要借助多变量分析技术,有效评价外部环境因素对林业、农业产业的生态安全效率影响的显著性,以 DEA 分析获得的相对效率值为被解释变量,开展外部环境影响因素的回归分析。鉴于本书第三章测算出来的 SBM-DEA 的农业用水效率值域在 0~1 之间,即因变量是受限制的,而且数据处于截断状态,具有明显的短尾特征。Tobit 模型是一种有效的回归方法,它可以研究受约束条件下的因变量,从而筛选出对用水效率具有显著影响的因素,而且与最小二乘法(OLS)的混合面板回归相比,它可以有效地避免出现偏差和不一致的估计结果[①]。为了更准确地估计汉江流域农业用水效率,本书采用了截断回归法 Tobit 模型,并结合 Pérez-Reyes 和 Tovar[②] 的方法,以检验南水北调中线工程及其相关影响因素对汉江流域农业用水效率的影响。对于这种分阶段对决策单元进行系统内部效率评价(SBM-DEA)和系统外部影响因素的分析(Tobit 回归)的研究方法被称为 DEA-Tobit 两阶段方法。

8.2.2　Tobit 回归模型构建

在本书的第七章中,通过 SBM – DEA 模型测算的 2010—2021 年汉江流域中下游农业用水效率作为被解释变量,以表 8.1.1 中的影响因素指标为解释变量,建立回归方程测定影响汉江流域中下游农业用水效率因素的作用方向和作用强度。上文中通过 SBM-DEA 模型测算所得的效率值在 0~1 之间,由于用水效率数值受限,为了更好地探究其影响因素,本研究采用截断回归法 Tobit。同时由于 Tobit 模型可以将个体的变化归结为两种效应:固定效应(FE)和随机效应(RE)。但是,一般固定效应 Tobit 模型因很难捕捉到个体异质性的充

---

① 陈强. 高级计量经济学及 Stata 应用[M]. 2 版. 北京:高等教育出版社,2014.

② PÉREZ-REYES R, TOVAR B. Measuring efficiency and productivity change (PTF) in the Peruvian electricity distribution companies after reforms [J]. Energy Policy, 2009, 37(6):2249-2261.

分统计量而无法进行条件最大似然估计。第一,进行 F 检验。经计算结果显示 F 检验的 p 值为 0.000 0,因此固定效应优于混合 OLS。第二,进行 Hausman 检验。分别使用固定效应和随机效应进行回归,对其进行 Hausman 检验,固定效应优于随机效应。第三,将个体固定效应模型和时间固定效应模型做 LR 检验,p 值小于 0.01,所以强烈拒绝"无时间效应"的原假设,认为模型存在时间效应。所以最后选择双向固定效应模型。

根据上述检验和本研究所要研究的问题,本书最终选用 Tobit 双向固定效应模型,回归模型设定为

$$Eff_{it} = \beta_0 + \beta_1 Whe_{it} + \mu X_{it} + \gamma_i + \delta_t + \varepsilon_{it} \tag{8-2}$$

式中:i 表示 i 县市;t 表示第 t 年;被解释变量 Eff_{it} 为农业用水效率;解释变量 Whe_{it} 为中线调水工程是否运行的虚拟变量,2010—2014 年取值为 0,2015 年及之后取值为 1。X_{it} 和 ε_{it} 分别表示一系列控制变量和随机扰动项;γ_i 和 δ_t 分别表示县市个体固定效应和时间固定效应。

8.3 汉江流域农业用水效率影响因素测算结果与分析

8.3.1 Tobit 模型回归结果

本研究通过构建 Tobit 影响因素回归模型,讨论包含南水北调中线调水政策在内的影响因素对汉江流域农业用水效率的影响,以第七章测算结果所得的农业用水效率为被解释变量,南水北调中线工程是否运行以虚拟变量的形式作为核心解释变量与其他影响因素指标一起参与 Tobit 模型回归。本书使用 Stata /MP 17.0 软件对汉江流域中下游农业用水效率影响回归模型进行分析操作。Tobit 回归结果显示,南水北调中线工程调水的实施与汉江流域农业用水效率确实存在显著的关联性,具体结果见下述各解释变量的相关系数和显著性水平分析。以汉江流域中下游农业用水效率为被解释变量,进行 Tobit 回归,以分析所选取的影响因素指标对用水效率的综合影响,回归结果见表 8.3.1。

表 8.3.1　汉江流域中下游农业用水效率 Tobit 回归结果

变量	(1)
	y
Whe	0.405***
	(9.35)
Is	0.007
	(1.63)
Paw	−0.878***
	(−7.32)
Pfc	−0.002
	(−0.06)
$lnEil$	−0.066***
	(−2.62)
$lnIwc$	0.035***
	(3.35)
常数项	0.675***
	(3.55)
个体固定效应	YES
年份固定效应	YES
观测值	228
县市区个数	19

注：为了减少可能出现异方差现象以及出现极端值的影响，除了比率型的数值其余均进行对数化处理，其中 $lnEil$ 为有效灌溉面积对数值，$lnIwc$ 为水利建设投资对数值；*** $p<0.01$。

2010—2021 年汉江流域中下游 19 县市区整体的基准回归结果表明：核心解释变量中线调水政策对当地农业用水效率呈正向显著影响，南水北调中线工程是否实施的相关系数为 0.405，表明工程实施与农业用水效率表现为较强的正相关性，调水工程的实施对汉江流域中下游农业用水效率具有促进作用。除了核心解释变量"南水北调中线工程是否实施"外，通过显著性检验的其他解释变量还有 3 个，所有通过显著性检验的变量对汉江流域农业用水效率影响程度从大到小的排序为：农业用水占比（Paw）＞南水北调中线工程是否运行（Whe）＞有效灌溉面积（$lnEil$）＞水利建设投资（$lnIwc$）。

从用水结构来看,农业用水占总用水量的比值增加对汉江流域农业用水效率具有显著的抑制效应,农业是第一用水大户,其中农业灌溉又占农业耗水的90％以上,占全社会用水耗水的65％以上,当前仍存在大水漫灌、跑冒滴漏的现象,不可持续的生产方式导致了农业用水量的激增,而按需灌溉则是减少水资源浪费和提高用水效率的必要条件。从灌溉条件来看,有效灌溉面积($lnEil$)的增加反而对农业用水效率呈显著负相关影响,这引起了我们的关注,正如 Auty 和 Gelb 的研究所示,自然资源越多时会出现技术效率越低的情况,反而资源贫乏的区域会更重视技术效率的提高[1]。随着水资源分配格局的不断优化,稀缺的状况可能会被改变,从而引发一种新的资源浪费[2]。随着有效灌溉面积的增加,人们不再愿意采用最新的节约能源技术,导致了对上游和下游地区的节约能源投入不够。从资金支持来看,水利建设投资对农业用水效率呈显著正相关影响。灌区是保障粮食安全的主战场,也是粮食的核心产区,有效的资金投入为灌区基础设施建设和灌渠养护提供重要保障。水利强则农业强,以资金支持为基础、以工程建设为抓手,对辖区内水利设施进行提质改造,既有效保证农业灌溉供水又提高农业水资源利用效率。从经济因素和作物结构上来看,本研究中所选取的 2 个变量指标,第一产业产值占比对农业用水效率具有促进作用,粮食作物结构占比对农业用水效率具有抑制作用,但均未通过显著性检验,这说明综合考虑来看,两个指标对农业用水效率的影响在统计学上不显著,不具有参考意义。

8.3.2 稳健性检验

在本研究中,我们发现回归模型的回归结果可能因参数的选择不当而出现偏差,为考察本书回归结果的科学性需要对回归模型进行稳健性检验。通常检验稳健性的方法有:变量替换法、逐步回归法、分样本回归法、调整样本期、补充变量法、改变样本容量法和解决内生性问题等,通过比较以上方法处理后的回归结果是否与原回归结果一致来判断稳健性,如果原回归结果与不同处理方法下的回归结果保持一致,则可以证明原回归结果是稳健的。本书将从两个方面对回归结果进行检验,包括稳健性滞后一期和逐步回归法。

---

① AUTY R M, GELB A H. Political economy of resource-abundant states [M] //AUTY R M. Resource abundance and economic development. Oxford, UK: Oxford University Press, 2001: 126-144.

② BOSCHINI A, PETTERSSON J, ROINE J. The resource curse and its potential reversal [J]. World Development, 2013, 43: 19-41.

滞后一期稳健性检验是通过加入滞后变量，或者是把原来变量做滞后处理，通常是针对连续型变量。这样既可以解决内生性中可能存在的反向因果的问题，而且考虑了解释变量可能存在的时滞影响。考虑到回归结果的稳健性，本研究使用自变量的一阶滞后来重新检验调水政策与农业用水效率之间的关系，以缓解因果关系引起的内生性问题。结果如表 8.3.2 所示，Whe 的系数仍然在 1% 的水平上显著为正，能够得到一致的结论。

表 8.3.2　滞后一期稳健性检验结果

	(1)
变量	y
$L.Whe$	0.364^{***}
	(8.51)
Is	0.010^{*}
	(1.69)
Paw	-0.867^{***}
	(-6.61)
Pfc	0.003
	(0.07)
$lnEil$	-0.048^{*}
	(-1.76)
$lnIwc$	0.036^{***}
	(3.37)
常数项	0.581^{***}
	(2.82)
个体固定效应	YES
年份固定效应	YES
观测值	209
县市区个数	19

注：为了减少可能出现异方差现象以及出现极端值的影响，除了比率型的数值其余均进行对数化处理，其中 $lnEil$ 为有效灌溉面积对数值，$lnIwc$ 为水利建设投资对数值，$L.Whe$ 为南水北调中线调水政策的一阶滞后；*** $p<0.01$，* $p<0.1$。

除滞后一期稳健性检验外，本研究还通过逐步回归法进一步验证模型的稳健性。逐步回归方法的基本思想是先剔除变量中不太重要又和其他变量具有相关性的变量，以降低数据之间的共线性程度。在变量逐个引入模型时都要进行 F 检验,以确保每次引入新的变量之前回归模型中只包含有显著的变量。本节以各方面关键指标为基准回归,后通过逐步加入所选变量的形式,观察回归结果核心解释变量的系数变化情况,以确定回归结果的稳健性。具体结果参见表 8.3.3。

表 8.3.3 逐步回归稳健性检验结果

变量	(1) y	(2) y	(3) y	(4) y	(5) y	(6) y
Whe	0.336***	0.402***	0.385***	0.385***	0.437***	0.405***
	(9.96)	(9.31)	(9.89)	(9.84)	(10.08)	(9.35)
Is		0.012**	0.006	0.006	0.007	0.007
		(2.41)	(1.35)	(1.34)	(1.63)	(1.63)
Paw			−0.877***	−0.878***	−0.821***	−0.878***
			(−7.23)	(−7.22)	(−6.76)	(−7.32)
Pfc				0.003	0.006	−0.002
				(0.09)	(0.17)	(−0.06)
lnEil					−0.068***	−0.066***
					(−2.64)	(−2.62)
lnIwc						0.035***
						(3.35)
常数项	0.553***	0.393***	0.798***	0.798***	1.102***	0.675***
	(14.59)	(5.16)	(9.00)	(9.00)	(7.62)	(3.55)
个体固定效应	YES	YES	YES	YES	YES	YES
年份固定效应	YES	YES	YES	YES	YES	YES
观测值	228	228	228	228	228	228
县市区个数	19	19	19	19	19	19

注:为了减少可能出现异方差现象以及出现极端值的影响,除了比率型的数值其余均进行对数化处理,其中 $lnEil$ 为有效灌溉面积对数值、$lnIwc$ 为水利建设投资对数值;*** $p<0.01$,** $p<0.05$。

由上述两种稳健性检验方法的检验结果可知,各变量前的相关系数、系数符号以及是否显著等与原结果均保持一致,表明实证回归通过了稳健性检验,印证了本书在实证过程中使用 Tobit 模型回归结果的科学性。

8.4　实证结果分析

依据前文的回归结果可知,以"南水北调中线工程是否实施"作为核心解释变量对汉江流域农业用水效率产生了较显著的促进作用,其回归系数为0.405,具体是因为在南水北调中线工程的影响下,汉江流域粮食生产受可供水量减少、节水政策和措施的推广、后续配套工程建设运行等众多因素的综合影响,促进了汉江流域农业用水效率的提升。

南水北调中线工程的实施具体通过影响汉江流域农业生产条件、增加汉江流域节水投资、调整汉江流域农业用水结构和改善汉江流域粮食种植结构等方式对汉江流域农业用水效率产生作用:第一,汉江流域作为取水区,其水资源总量在一定程度上受到影响,进而影响农业生产可供水量,从而使本地积极提高农业用水效率以应对未来可能风险。第二,"先节水,后调水"等节水政策和措施的实施促进了汉江流域对节水设施的投资,节水设施得到了大幅度改善,灌溉方式得到了改变,节水技术得到了鼓励,农业生产的供水基础设施耗水率也有所降低。第三,国家修建了一系列后续配套工程以弥补中线调水对汉江流域中下游用水影响,通过调蓄水源、兴修水库等措施提高配套供水能力,加强了水旱灾害防御能力,保障粮食等重要农产品生产,进而提升汉江流域农业用水效率。

8.5　本章小结

本章结合2010—2021年汉江流域中下游19县市区面板数据,研究南水北调中线工程对汉江流域中下游19县市区农业用水效率的影响。将"南水北调中线工程是否实施"作为核心解释变量,并从产业结构、用水结构、种植结构、灌溉条件、资金支持等角度考虑,引入可能影响用水效率的指标作为其他控制变量构建Tobit回归模型,分析南水北调中线工程与汉江流域中下游19县市区农业用水效率间的因果关系。此外,采用滞后一期稳健性检验和逐步回归法,证实研究结果的稳健性与科学性。

得出如下结论:一是南水北调中线调水政策的实施本身对汉江流域中下游农业用水效率改善有一定的作用,调水工程运行后所产生的综合效应使得汉江流域中下游农业用水效率得到显著提升。二是从用水结构对农业用水效率的影响来看,农业用水占总用水量的比值增加对农业用水效率具有抑制作用。三是从资金支持对农业用水效率的影响来看,水利建设投资的增加对农业用水效率具有促进作用。基于本章对于南水北调中线工程对汉江流域农业用水效率影响因素和原因的探究,将在第九章对在中线调水背景下如何提升汉江流域中下游 19 县市区农业用水效率提出针对性的对策建议。

第九章　中线调水背景下提升汉江流域中下游农业用水效率的对策建议

在南水北调中线工程运行背景下,实现农业用水效率提高是保障汉江流域中下游19县市区粮食生产能力稳定的重要手段,也是化解资源环境对粮食有效供给硬约束的关键环节。根据前文中线工程对汉江流域中下游农业用水效率的影响机理、用水效率测算指标和冗余度、调水对农业用水效率影响等方面的分析,发现中线调水对汉江流域中下游农业用水产生影响进而影响效率;技术进步对提高农业用水效率具有重要作用;农业生产投入要素、农业水资源管理等方面会影响农业用水效率。为此,本章从优化水源区区域间水资源调配提升农业用水效率、完善农业水资源管理政策体系、健全现代节水科技创新机制建设、优化农业生产资源要素整合配置四个方面提出针对性的对策和建议,以期在中线调水背景下汉江流域中下游实现农业用水效率提高与粮食生产能力稳定的双赢目标。

9.1　以水源区区域间水资源优化调配提升农业用水效率

中线调水工程在极端降水条件下加剧农业用水短缺风险,在无法改变水资源缺乏的外部条件下,农业生产主体将采用一系列节水措施以提高农业用水效率,保证农业生产实现自身利益最大化。本书第八章的实证结果表明,南水北调中线工程在一定程度上促进了汉江流域中下游19县市区农业用水效率的提升,农业灌溉水供给压力在客观上会提升农业生产主体的节水意识、增强节水诉求,减少农业生产过程中的水资源浪费和污染水排放现象。面对水资源丰富地区可能存在的资源浪费问题,调水工程在一定调水规模内能使农业生产主体积极应对外部条件变化而主动采取节水减排措施,提高农业用水效率,达到节约水资源与保证粮食生产的双重目的;但当调水规模达到某一临界点时,调水与极端降水共同作用下的农业灌溉水短缺,必然会对农业用水效率造成负面影响,这就需要通过水源区内水量调配来实现水资源利用率最大化。

为缓解汉江流域中下游调水后极端降水条件下水资源短缺问题,我国政府已开展或计划开展多项跨流域调水后续配套工程,包括鄂北水资源配置、引江济汉、引江补汉、引汉济渭工程等,以期达到流域内水资源利用供需平衡。通过对南水北调水源区区域间水资源进行科学协同调控的必要性与可行性的分析,众多学者认为各地区应当通过科学协同调控来达到生产要素的最优分配,形成"统筹运用、互为补充、对冲平衡"的安全保证系统,以期达到更好的区域水资源优化配置。为了更好地保障中线供水量,提升南水北调中线工程的稳定性,同时促进汉江流域中下游经济社会的可持续发展和生态环境的恢复,以充分发挥南水北调中线工程的最大效益,提高汉江流域水资源调配能力,提升中线工程供水保障能力。

9.1.1 健全农业生产节水管理措施

近年来,政府积极推动节约用水的行动,全社会对节约用水的认知也不断增强。尽管已经取得了一定的进展,但是当前的节水工作还存在着失衡、缺乏和无法持久的问题。作为南水北调中线工程的水源区,汉江流域的水资源仍然相对紧张,为了有效控制水资源的消耗,必须坚持"节水优先"方针,加强节水基础设施建设,完善节水监管机制,并制定有效的粮食生产节水管理措施。

在管理方面,严格用水总量和强度双控,强化取水管理,规范取水行为,严格节水管理,健全用水定额体系;在科技方面,加强节水技术研发,尤其是关键技术和重大装备研发,强化数字孪生、大数据、人工智能等新一代信息技术在节水业务中的应用研究,增强科技支撑能力,同时加强非常规水源配置,加强污水资源化利用,因地制宜、多源相济,创新性地推进节水新格局;在协同发力方面,各有关部门齐抓共管,在农业用水、工业用水、生活用水和生态用水方面统筹做好节水制度与体系建设,发挥好市场调节机制作用。可利用水价改革、国家政策扶持等方法,构建有效的节水激励机制,并形成一套行之有效的经济运行模式,通过降低粮食生产过程中的用水水平来增加农民收益,提高农业用水管理效率,减少农作物用水,进而提高农业用水效率。

9.1.2 提高农民节水意识和积极性

推行节水灌溉设施,需要对当地农民普及现代化生产理念。比如,节水工程基本要求、节水管理运作模式等知识的普及与掌握,都需要农民积极参与学习。但当地农民已经习惯于传统农业生产方式,节水意识较低,同时由于农村人口老龄化严重,他们通常没有足够的精力和能力去学习如何节约用水。因此,有必要加强对农民节水灌溉意识的培养与技能培训,让他们更好地了解如何节约用水。

为了提高农民的节水意识,激发他们的积极性,首先应该让他们更加清楚地认识到节约用水的重要性,并消除他们对节约用水技术的忽视和对水利设施建设的误解。水资源管理部门应该积极参与粮食节水生产的宣传教育工作,不仅要组织专题讲座、培训会、推进会,还要组织"世界水日""中国水周"等多种形式的宣传活动,加强农民对节水的认识,让更多的人了解节水的重要性,从而激励他们自觉地在农业生产活动中节约用水,并且建立起一个有效的联动机制,以此来提升整个社会的节水意识。为了更好地推动"节水增粮"行动,需加强利用新媒体进行宣传,如电视、广播、网络等,让农民了解节水的重要性,并积极参与到节水工程建设中来。通过这种方式,可以让每一位农民都能够真正认识到节水的重要性,并为实现节水增粮目标做出贡献。为了更好地促进农业可持续发展,也应加强对农民的技能培训,组建专业的咨询团队,帮助农民解决农业节水技术的问题。同时,要鼓励大学生回乡,提倡科学种植,发展年轻、高学历、思想觉悟高的农民和其他多样性的农业技术人才,以此来开拓农业节水技术的新途径,为粮食生产可持续发展提供更多的动力。

9.2　完善农业水资源管理政策体系

由于汉江流域农业用水的有限性,提高水资源利用效率显得尤为重要。然而,我国现行的水资源法规、政策尚未完善,为了提高汉江流域农业用水效率,各省市应当从实际情况出发,制定出创新、有效的可行性政策,并由相关部门加强落实,以期达到更好的效果。加强政府监管,确保公共利益得到有效保障。

9.2.1　完善水权体系以提升水权市场的规范性和管理水平

为了实现汉江流域农业用水的高效利用,汉江各省市的政府应当迅速建立和完善农业的水权制度,以确保水资源的合理分配,并且建立健全水权交易机制,以促进汉江流域的可持续发展。可通过开展水权交易试点项目,不断完善水权体系,加强对水权交易政策的执行,以促进水资源的可持续发展。完善水权分配机制,加强相关法律法规的执行,以确保水权交易的公平、公正、合理。

为确保农户的利益得到有效保护,可通过组织实地考察、审查政策合理性和可行性等活动,为科学分配、有效利用和合理交易水资源奠定坚实的基础。

水利部门应该以汉江流域为基础,积极转变政府职能,从全权管理者转变为初始水权分配者和交易规则管理者,以发挥其宏观调控的作用,实现对水资源的最优配置,并降低因市场失灵而产生的负面效应。实施简政放权,充分发挥市场机制的调节作用,加快供给侧结构性改革,提升管理农业用水的能力,坚定不移地推动水资源配置的市场化进程。为了更好地管理和利用水资源,应加强对水权的登记,并建立一套有效的转让机制,使不同类型的水权能够有序流动,从而规范和管理水权市场。为提高汉江流域农业用水效率,各省市各级政府应该积极探索和实施农村水权交易制度,不断深化改革,提升水资源管理水平,全面提升政府的水务服务能力,进而提高粮食生产中的水资源利用效率。

9.2.2 综合改革农业水价并制定激励补偿政策

以农民的需求为基础,制定合理的水价,以促进农民参与水价改革,实现可持续发展。为了保证汉江流域的可持续发展,各省市和地方政府应该积极参与市场调控,及时倾听农民的声音,向他们提供有效的信息,不断完善和优化相关政策,加速推动水价机制的改革;把农业水资源的商品特征向农民宣传,同时实施合理的水价,以及按亩或按量收费的方式,有效地管理农民用水。为了更好地保护汉江流域的水资源,各省应根据本地的实际情况,制定出适应当地的水资源管理体系,以确保粮食生产的有效利用。同时,应采取针对性的措施,避免水资源价格的波动,以促进节约用水的发展,并激发农民的生产活力。为了保障农民的合法权益,各级政府必须加强对相关环节的监管,并积极推动农业和农村的发展,以期达到可持续、高效的水资源利用。

汉江流域中下游各县市的各级政府部门应当积极采取“宽猛相济”政策,以满足汉江流域企业和农户的用水需求,同时强化监管,保证各项政策的执行,从而推动当地的经济发展。给予科技人才、有能力的企业及个人用水补助,让他们享有优先使用水权等;反之,若有个人或企业违反相关政策将会受到严厉的处罚,包括罚款和限制使用水资源等。为了促进节水工作的开展,政府部门应当给予拥有先进技术、能够有效利用水资源的农民和企业政策上的激励和经济补贴,以激发他们积极参与节水行动。

9.3　健全现代节水科技创新机制

通过本书第七、八章的研究可知,汉江流域中下游农业用水效率增长的两个重要方面是用水技术进步和用水技术效率。技术进步主要表征用水效率的增长在技术层面由于技术创新和推广所带来的影响,技术效率则主要反映了技术进步后的持续改良和由此带来的创新技术的利用效度。虽然本书所研究的汉江流域中下游农业用水效率的增长驱动力主要来自技术进步,但是在用水效率波动的过程中,技术进步与技术效率的推动作用是相辅相成的,因此我们认为在技术进步的基础上进行一定的推广宣传,才能真正将技术创新的成果应用于粮食生产的实际,以实现潜在生产力到现实生产力的转换。

9.3.1　提高粮食节水技术创新能力

"科技当家,地能生金。"近年来,我国农业生产方式发生了巨大变化,从"面朝黄土"到农机遍布全国,从"收成靠天"到旱涝保收,科技已成为农业生产的主要驱动力。正如熊彼特所言,生产要素的重组过程中最重要的是技术创新。我国虽然是"技术大国",但是我国还处于创新体系的不断完善阶段,受限于目前并不高的系统效率,我国在研发资金和人才培养方面,均有较大的上升空间,而粮食节水技术创新的突破可以有效促进农业用水效率的提升。

首先是要促进技术集成成果的实现,提高技术利用效能。争取在粮食节水新技术上实现突破,可以借鉴引进国外的先进农业节水技术,结合汉江流域实际情况,整合现有资源,组织并强化节水技术的创新和使用。另外,政府也要逐渐搭建起技术支撑,建立技术创新推广平台,吸引区域内外的研发人才和新的研发技术。其次要通过培育技术创新集群,强化主体间的相互学习。重视对汉江流域创新集群的建立,形成主体间的交互学习网络,可以有效避免技术扩散,进一步提升节水技术的核心竞争力。通过技术创新,大力推广节水技术,并鼓励重点用水行业和单位进行水效评估和节水技术改进。为了更好地保护环境,应大力推广应用最前沿的节水技术和产品,并普及节水设备,以降低人们的日常消耗,有效减少生活用水量。

9.3.2　强化粮食生产技术服务供给能力

农业用水效率的提升在很大程度上受政府在粮食生产技术服务上的有效

供给的影响,政府作为公共服务和公共产品的主要供给方,需要保证粮食生产技术服务的有效供给,主要可以从以下方面入手。

首先,强化农村基础设施建设,为粮食生产技术的普及奠定基础。包括但不限于农村公路、电网和水利工程的建设。技术进步离不开坚实的基础设施建设,所以应该在提升农业运行环境的基础上,保障粮食生产基础设施的建设,为技术进步创造物质基础。其次,进一步搭建技术创新的科研平台,释放粮食生产技术创新主体的活力。通过搭建粮食生产基地、数据服务平台、科技信息共享平台等,提升政府在创新技术研发投入上的资金利用率。本书实证分析部分表明,水利建设投资对农业用水效率呈显著正相关影响。在进行农业技术推广的过程中,只有资金充足并得到有效保障,才能够使相关推广策略有效实施。相关政府部门要落实企业和农业技术推广之间的对口服务,精细化配置好不同作物生长期内的水、肥、光、热、气五要素,实现阶段化、精细化、差异化管理,切实让种植户了解当前农业的新技术、新模式、新动能,逐步培育提高农业新质生产力。

9.3.3 完善农业科技服务机构的组建与运营

为了提升节水农业的科技创新能力,必须加强对相关机构的建设,并将其成果有效地转化为可供推广的产品,以及持续完善节水农业的科技服务体系。应该重视具有地域特色、具备普及价值的新型节水农业科技服务模式,并积极推动其发展。建立一个墒情监测系统,以改善灌区的灌溉服务质量。为推进我国节水农业的发展,必须要有一套完善的监管体系和规范的管理办法。

主要工作重点包括:推进基础水利工程的规范化建设,并加速完善流域水利服务体系。采取创新的运营模式,并将所需要的经费列入地方政府的预算中。对准公益性和专业化水利服务进行深入探索,强化水利科技推广、防汛抗旱、灌溉试验和设施维护等方面的服务,加强水利科技推广、防汛抗旱、灌溉试验及其设施维修等方面的服务,建立完善的流域水利自治机制,以提升水资源的可持续利用。实施全方位的基础水利设施建设,分步实施,综合发展。通过推动农田水利建设和现代化节水农业技术的创新,更好地确保粮食安全,并为汉江流域的粮食生产和水资源高效利用的长期发展提供支撑。

9.4 优化农业生产投入要素整合配置

通过优化资源要素的配置,加强汉江流域的粮食生产经济管理及有效利用水资源,将极大地提升当地的农业发展。当前,汉江流域的粮食生产面临着严峻的挑战,其中最重要的是纯技术效率不足。为了解决这一问题,我们必须加大对汉江流域粮食生产资源的整合力度,优化其配置,以提高其经济运行能力。有效整合汉江流域的人力、财力、物力等资源,使其发挥出最大的作用,提高农业生产的效率。为了更好地激发汉江流域的粮食生产潜力,采取了多种措施,具体措施包括以下两个方面。

一方面,应当加强土地的合理利用。汉江流域各地应根据实际情况,采取科学的措施,通过适度的规模化管理,强化对水资源利用效率低下、资源浪费严重的区域的控制;加大耕地的流转力度,促进耕地的确权,促进区域内的农业发展。同时,要因地制宜、科学合理地调整农业生产、种植结构,提高农业劳动力的使用效率。另一方面,在一些粮食生产、经济运营能力较差的地方,要加大对人才的培养力度,在管理上进行创新,并对有关部门进行专门的知识和技能培训,让他们可以把学到的专业理论知识运用到实际的生产运营中去,进而提升整个粮食生产流程的效率。为了推动地区间粮食生产的发展,应加强彼此的沟通与交流,利用先进的技术,建立起完善的专业化分工,以期达到更高的效率,从而有效提高各个地区的粮食生产经济效益。为了实现区域的可持续发展,应积极推动城乡统筹,建立健全城乡资源交换机制,让城乡间的优质资源得到有效的利用,从而有效地改善粮食生产的资源配置和整合。

9.5 本章小结

本章根据上文汉江流域中下游 19 县市区农业用水效率测算指标与分解、投入冗余度、调水对农业用水效率的影响因素实证分析结果,从水源区区域间水资源优化调配提升农业用水效率、完善农业生产水资源管理政策体系、健全现代节水科技创新机制、优化农业生产资源要素整合配置四个方面提出针对性的对策和建议,以期为中线调水背景下的汉江流域农业用水效率的提升提供帮助和借鉴。

第四篇

调水前后水粮关系评估

汉江流域中下游地区是我国中部重要的粮食主产区,粮食生产能力突出,但一方面随着城市化的快速发展,需要产出更多的粮食来维持不断增长的人口;另一方面需保障丹江口水库对外稳定调水,以及本地区工业、生态、生活用水的正常供应,而其他用水部门需水占比不断增加,也使农业灌溉水量受到进一步挤压,"以水换粮"的发展模式难以为继,水、粮矛盾日益显现。为此本篇拟对调水前后农业用水安全与粮食生产能力耦合关系进行评估,通过构建适用于汉江流域粮食产区农业水安全与粮食安全的评价指标体系,测算出 2010—2021 年汉江流域中下游 19 县市区农业用水安全及粮食生产能力指数,采用耦合协调度模型评估两者的耦合协调水平的变化,揭示农业用水安全和粮食生产能力在时间和空间上的协调适配差异,最后使用障碍度模型识别出指标层中的主要障碍因子,并针对调水背景下汉江流域中下游水粮关系协同发展提出相应的对策建议。

第十章　中线调水前后汉江流域中下游农业用水安全和粮食生产能力变化特征

　　粮食安全关系国家的稳定与发展,"十四五"规划首次将粮食安全战略纳入5年规划之中,提升粮食安全保障水平,"粮食生产能力"是关键因素,要"将饭碗牢牢端在自己手中"。暴雨和干旱等极端天气频发,使粮食生产安全性不断受到冲击,水资源安全是实现粮食安全的基础。汉江流域中下游地区,降水季节分布不均匀且年际变化大,水资源人均拥有量少及利用效率较低,大规模农业生产灌溉长期依靠汉江干流及支流水补给,在中线调水背景下探究汉江流域中下游农业用水安全和粮食生产能力的变化特征及存在的冲突与矛盾,对实现水粮协调具有重大意义。

10.1　汉江流域中下游农业用水安全和粮食生产能力现状分析

10.1.1　汉江流域中下游农业用水安全

　　农业用水是指在一定水质要求下所需的一定量的水,用以维持正常的农业生产和生活。农业用水一般包括农田灌溉及林牧渔业用水。农业用水安全问题的基本含义是"一定的经济技术条件下,由于水资源量与质供需矛盾产生的对农业生产、农村生活乃至社会稳定的危害问题"。农业用水的目的是通过灌溉系统有计划地将农业用水输送和分配到田间,以补充农田水分的不足,因此农业用水安全实质上就是能否实现以保障区域粮食安全和农产品有效供给为目标,在加强需水管理、提高用水效率的基础上,采用工程和非工程措施,保障农业可持续发展对灌溉水质和水量要求的状态和能力。根据农业灌溉的特点,农业用水安全应该涉及"供水—输配—使用"三个环节,即首先从水源上,在特定的条件下要能保证安全的水质和足够的水量用于农业灌溉。其次,通过灌溉工程设施,经过蓄水、取水、配水、灌水等过程将水输送给农田作物以满足需水需要,最后是在田间实现水资源的有效分配和高效利用。

农业用水安全有两层内涵。第一层是水资源供给层面,在现有水利工程设施、资源条件和政策管理条件下,所能提供的农业生产所需的保证一定水质和数量的水资源;第二层是农业用水需求层面,它包含农业的类型和发展方案定位、灌溉的方式和水平等。在一般情况下,第一层面影响农业用水安全的因素有灌区水资源时空分布,水利工程设施、水资源政策管理等;第二层面影响农业用水安全的因素有灌溉的方式方法、节水水平、种植面积和种植结构方案等。人类步入工业化以来,气候变化逐渐加剧,社会经济发展迅速,环境变化已经影响到了农业用水安全的供需双向层面。在农业用水供给方面,气候变化对水资源时空分布产生了较大影响,社会其他用水部门需求增加使得农业用水可供给量缩减,社会对水资源的需求压力、水利工程的兴建与运行、跨流域水资源调度等均成为农业供水必须考虑的问题。在农业用水需求方面,社会的高度商业化,水资源压力、人口压力及农业种植面积和种植结构变化都将产生复杂影响。粮食产区内可能因为农民自发追求经济利益而发生种植结构改变,也可能因为区域偶发的极端天气,减少和增加某种作物的种植面积,与此同时社会发展、水资源压力会促进作物灌溉节水水平提高,从而使农业需水量发生变化。因此,农业用水安全是一个动态的问题,应在未来和现状变化环境下进行分析。在变化环境背景下,凡是对农业可供水量和需水量有一定影响程度的因子都可以作为影响因素,主要影响因子包括以下三类。

(1)气候变化因子,降水、气温、湿度、辐射和风速等。气候变化因子通过影响水资源和农业需水改变农业用水安全的状况。

(2)水资源因子,地表水、地下水、水利工程、其他水源利用、水资源管理政策等。水资源因子受到气候变化和人类活动综合影响,及其对应的时空分布变化都对农业用水安全有直接影响。

(3)农业需水因子,农业规模和结构、种植面积、种植结构、人口、灌溉水平、灌区管理水平等。农业需水因子也受到气候变化和人类活动的影响,是农业用水安全的重要影响因素。

汉江中下游地区位于亚热带季风气候区,气候温和湿润,水热条件好。该区多年平均降水量为 900~1 200 mm,多年平均水面蒸发量为 893 mm,无霜期约为 240~260 d,年平均气温为 16 ℃,优越的气候条件有利于汉江中下游地区粮食作物的生产。汉江中下游水资源丰富,可利用水量多。丹江口以下水资源总量为 190 亿 m³,其中多年平均开发利用量为 75 亿 m³、生态水量为 55

亿 m³,占全流域的 33%,正常来水年份可基本满足区域内居民生活及工农业用水需求。因影响农业灌溉用水的因素众多,汉江流域中下游 19 县市区农业灌溉用水量 2010—2021 年呈现波动变化,最高值为 2011 年用水量 70.74 亿 m³,最低值为 2016 年 54.70 亿 m³,均值为 62.36 亿 m³。近年来,汉江流域中下游农业用水发展在取得巨大成绩的同时,也存在一些突出的薄弱环节和制约因素,给农业用水安全带来了一系列挑战。

(1) 农业用水总量短缺,且不断被其他用水部门挤占

长期以来,农业都是各用水部门中第一用水大户。但由于国民经济持续快速发展,城镇化步伐不断加快,非农行业对水资源的需求也不断增加,致使农业用水占总供水量的比例也不断降低。极端来水条件下,在优先保障生活、生态、工业用水的基础上,首先出现的将会是农业灌溉用水缺口。面对国民经济可持续发展对水资源需求量不断增加的现实,未来汉江农业用水,尤其是灌溉用水总量不可能增加,甚至有可能会降低。另外,自 2014 年 12 月南水北调中线工程全面通水以来,10 年间调水总量由最初的 20.2 亿 m³ 增加到 92.12 m³(图 10.1.1),已经接近一期规划调水规模 95 亿 m³,中线调水工程的建设运行使丹江口水库下泄流量减少,汉江中下游地表水资源可利用量受到限制。对内需保障本区用水,对外需保证稳定输水,这些现实矛盾是汉江流域农业灌溉面临的根本性难题,也是本区农业用水安全战略关注的核心所在。

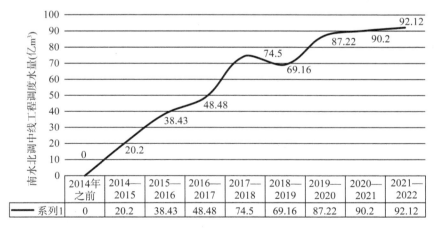

	2014年之前	2014—2015	2015—2016	2016—2017	2017—2018	2018—2019	2019—2020	2020—2021	2021—2022
——系列1	0	20.2	38.43	48.48	74.5	69.16	87.22	90.2	92.12

图 10.1.1　南水北调中线工程 2014—2022 年年度调度水量

(2) 供用水工程设施薄弱且投入不足,影响农业供水系统稳定性

农业用水系统受自然影响较大,供用水工程设施状况直接关系到供水系统

的稳定性。汉江流域中下游农田有效灌溉面积仅占耕地面积的53％,仍有接近半数耕地是"望天田",农田水利"最后一千米"建设滞后。汉江流域中下游40％的大型灌区(骨干工程)、50％～60％的中小型灌区、50％的小型农田水利工程设施不配套。2022年湖北省以占全国3.7％的耕地面积生产了全国4％的粮食,但现状投入水平远不能满足建设需要,而农田水利建设稳定增长的投入机制尚未完全建立,投资缺口进一步加大。虽目前涉及农田水利的中央财政投资渠道多达20个以上,但由于政策、规划和标准不统一,各县市难以在实际中获得资金支持。

（3）水资源输配效率较低,威胁农业用水安全

农业灌溉输配水系统的稳定性对于农业用水安全有着至关重要的作用。汉江流域中下游因灌溉工程老化、毁损和机井报废等原因而造成农田有效灌溉面积减少所占比例高达30％左右,加剧了本地区农业灌溉供水系统的脆弱性,是制约农业用水安全的重大隐患。当前,汉江流域中下游农田灌溉水有效利用系数虽在近年来得到有效提升,但与其他主要粮食产区相比并不居于优势地位,致使在同等作物需水量的条件下供水系统的供水量增大,威胁农业用水安全。

（4）农业灌溉用水管理模式粗放,制约水安全目标实现

农田水利法规制度和标准规范不够完善,灌溉工程管理体制改革举步维艰,基层水利服务组织不健全,造成大量小型灌溉工程存在没有机构、没有人员、没有管护经费的局面。一些地区粗放的开发利用方式仍未得到根本扭转,高效节水灌溉面积仅占灌溉面积的17.8％,单方水粮食产量只有发达地区的一半。汉江流域中下游人均水资源量并不丰富,且存在极大的季节和地区差异,但在农业生产过程中农业用水的利用存在效率低下与浪费严重并存的现状。2022年汉江流域中下游农田灌溉水有效利用系数约为0.57,与发达地区的0.70～0.80相比还有一定差距;分灌区情况来看,大型、中型和小型灌区灌溉用水有效利用系数平均值分别为0.486、0.502和0.531,可见大型灌区农业用水效率更低,这不利于农作物的规模化生产。

10.1.2 汉江流域中下游粮食生产能力

粮食安全是国家安全的基础,影响一个地区粮食安全的主要因素是该地区的粮食生产能力,充足的粮食生产能力是保障粮食安全的必要条件。汉江流域中下游地区是湖北省经济发展的重要轴线,是汉江产业带的重要组成部分,是

我国重要的粮食主产区,汉江中下游地区的粮食生产是关系汉江流域以及整个湖北省经济和政治稳定的重要问题之一。湖北省处于南北气候过渡带,光照充足、雨量充沛、四季分明、土地肥沃,作为全国 13 个粮食主产省之一,粮食产量高且品种多样,是国内重要农产品生产和供应基地。2022 年,湖北粮食种植面积 7 033.43 万亩①,总产 548.23 亿斤②,连续十年稳定在 500 亿斤以上。湖北省以占全国 3.7% 的耕地生产了全国 4.0% 的粮食(表 10.1.1)。每年净调出稻谷百亿斤,为国家粮食安全做出了较大贡献。

表 10.1.1 湖北省 2022 年位列前十名的产粮大县

排名	县市	粮食产量(万 t)
1	监利市	127.85
2	枣阳市	127.39
3	襄阳市区	127.01
4	钟祥市	95.94
5	沙洋县	90.90
6	公安县	88.62
7	随县	82.01
8	天门市	80.79
9	京山市	71.34
10	仙桃市	70.83

汉江流域中下游 19 县市区中,枣阳市、襄阳市区、钟祥市、沙洋县、天门市、京山市、仙桃市居于 2022 年湖北省产粮大县前十名。汉江中下游地区是我国重要的商品粮基地之一,尤其是江汉平原、襄阳盆地粮食商品率在 50% 以上。

10.1.3 汉江流域中下游 2010—2021 年农业用水与粮食产量变化关系

一般情况下,农业用水与粮食产量存在三种关系,分别为正向关系、负向关系和零向关系。正向关系是指灌溉用水量与粮食产量同向,即农业用水量增加粮食产量也增加。如旱田以降水为唯一水源,当有一定的灌溉水量加入时,旱

---

① 1 亩 ≈ 666.7 m^2。

② 1 斤 = 0.5 kg。

地改成水田,粮食产量会增加,呈现正向关系。负向关系是指农业用水量与粮食产量不同向,即农业用水量增加,粮食产量不但不增加反而下降。如涝灾,水量的大量增加导致粮食减产甚至绝收,因此并非灌溉用水量多粮食产量就增加,超过一定限制将起到反作用。零向关系是指农业用水量与粮食产量既不同向也不负向,随着农业用水量增加粮食产量没有变化。此种关系对于作物而言,是达到了作物的需水量,但尚未达到涝灾的状态(图10.1.2)。

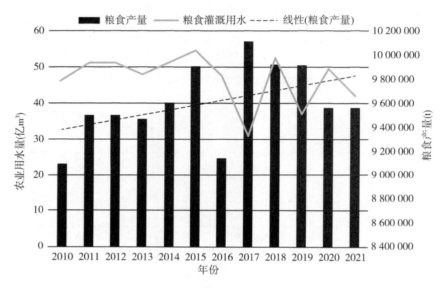

图 10.1.2　汉江流域中下游 2010—2021 年农业用水与粮食产量变化情况

"水是农业的命脉",水资源是农业生产中不可或缺的要素之一。农业用水与粮食产量之间有密切的关系,但这种关系并非是农业用水越多粮食产量越高的线性相关关系,从图 10.2.1 可以看出,2010—2021 年汉江流域粮食灌溉水量波动变化,但粮食产量呈现波动上升趋势,2015 年农业用水总量最高,但粮食产量并不是最高;2017 年农业用水总量最低,但粮食产量却是近 10 年中最高峰。汉江流域中下游农业用水与粮食产量未保持高度相关性的原因包括:①粮食产量既包括通过额外灌溉用水取得的产量,也包括依赖自然降水而获得的产量,西北部和中部地区生产的旱作物也统计在粮食总产之中,鄂北地区以占全省 3.6% 的水资源量和 9.75% 的耕地面积,生产了占全省 12.43% 的粮食,是汉江流域中下游无可争议的粮食主产区,其中枣阳市、襄阳市区被纳入了湖北省 46 个粮食主产县名录和《全国新增 1 000 亿斤粮食生产能力规划

（2009—2020 年）》中。②近年来由于农业缺水，全国各地普遍推广了农业灌溉节水技术以提升农业用水效率，汉江流域中下游从 2010 年至 2022 年农田灌溉保证率由 40％提高至 70％左右，农田灌溉水有效利用系数从 0.48 提高到 0.533，新增粮食生产能力 9.75 亿千克。③粮食种植结构的变化。在我国农业供给侧改革的大背景下，汉江流域的种植结构发生了重大转变，调整了粮食种植比重，提高了农业质量和效益。考虑到当地自然条件和历史传统对粮食种植结构的影响，在汉江流域中下游的主要粮食种植中，水稻一直占据着最高的比例。然而，在研究期内作为传统主食的水稻和冬小麦的种植比例逐渐减少，玉米和大豆却有所增加。这种转变可以归因于玉米和大豆等带来的显著经济效益。就灌溉需水量而言，水稻在该地区主要粮食中需水量最高，其耕地份额已从 1980 年的 60％下降到 2020 年的 53％；相比之下，玉米和大豆等低灌溉需求作物的种植面积显著增加，这些变化将影响该区域的灌溉用水需求。

10.2　中线调水后汉江流域中下游农业用水与粮食生产间的矛盾关系

10.2.1　中线调水政策与粮食生产需求间的矛盾

汉江是连接长江经济带和新丝绸之路经济带的战略通道。汉江生态经济带是长江经济带的重要组成部分，也是南水北调中线工程的核心水源区和重要影响区，发挥着承东启西、连南接北的纽带作用，在汉江流域经济社会发展中具有重要的战略地位。汉江流域内的农业生产、农副产品加工、特色经济等，在全国农业发展格局中占有重要地位，其中江汉平原更是被誉为"中部粮仓"。丹江口水库蓄水北上，直接的影响是汉江襄阳段年入境水量将减少 21％～36％。在气候干旱和蓄水压力下，此前预测的可能对汉江产生的影响开始慢慢显现，农业用水部门因用水优先次序排列靠后，在极端来水条件下将优先保障汉江流域中下游生活、生产用水，粮食灌溉用水被迫受到挤占。中线调水工程开通运行后，汉江流域中下游地区在自身节水、调整产业结构和作物种植结构的同时，也在期待国家能给予更多的政策支持，包括资金补偿和工程补偿。

10.2.2　作物生长需水与可供水量减少间的矛盾

汉江中下游灌区耕地面积占土地面积的 61％，农业可供水量的多少对本区粮食生产具有较大影响。随着社会经济的发展，居民生活用水、工业生产用水等其他用水部门水资源需求呈增长趋势,南水北调中线工程运行后汉江流域中下游下泄径流量减少,部分县市内灌区取水方式也发生变化,如仙桃市内灌区供水模式由之前的以泽口闸自流引水为主,逐步转变为以沿江泵站提水为主、泽口闸自流引水为辅的模式。同时,按照各部门用水优先次序排列,农业灌溉将首当其冲受到调水后可用水量减少的影响,在极端枯水年份无法满足作物在关键生育期内的灌溉最小水量,从而导致作物减产、农业减收。

10.2.3 化肥农药施用与生态环境保护间的矛盾

当前,丹江口水库周边点源污染已基本得到控制,但库周及上游面源污染仍为丹江口水源地的主要污染源,农业农村污染是面源污染的主要来源。汉江及其支流总氮年入库负荷约为 2.7×10^4 t,为水源区总氮负荷的主要来源;面源污染是水源区总氮升高的主要驱动力,对总氮输出负荷的贡献率在 60% 以上;耕地和居民地是面源污染总氮的主要来源[①],丹江口水库库区及上游耕地水土流失严重,主要农作物大量使用化肥和农药,其有效利用率在 30% 以下,大量未被利用的化肥和农药随着降雨径流进入汉江和丹江两条入库河流,或直接进入丹江口水库,成为库区氮磷的重要来源[②]。同时,根据《南水北调中线一期工程环境影响复核报告》,调水 95 亿 m³ 后,汉江中下游 COD 水环境容量每年将损失 11.81 万 t。以襄阳段为例,年过境水量将减少 21%～36%,水环境容量损失 26.9%～42.6%,生物需氧量浓度、氨氮浓度平均升高 19% 和 20.8%,"水华"发生概率由目前的 9.2% 提高到 13.6%,洲滩湿地面积减少 6 万亩左右,沿线 67 座供水泵站、57 座涵闸不能正常运行,17.8 万亩农田灌溉得不到保证,沿江水厂平均供水保证率下降 34.74%,沿岸 453 万亩农业土壤环境质量将不同程度下降。

10.2.4 水旱灾害频繁与粮食生产可持续间的矛盾

近年来,汉江中下游水旱灾害频发,中游的旱灾和下游的涝灾给本地粮食的稳定生产造成了极大影响。其洪水主要来源于上游著名的"华西秋雨区",集中暴雨引起洪峰,中下游河槽泄洪能力失衡并受长江水位顶托影响,洪涝灾害

---

① 辛小康,徐建锋.南水北调中线水源区总氮污染系统治理对策研究[J].人民长江,2018,49(15):7-12.

② 王国重,李中原,左其亭,等.丹江口水库水源区农业面源污染物流失量估算[J].环境科学研究,2017,30(3):415-422.

较为严峻。1983 年、1991 年、1996 年、1998 年、2020 年均出现大规模洪涝灾害。1995 年 5 月 30 日,特大暴雨使汉江下游广大地区受灾,仅天门市就有 8.95 万 hm^2 农田受灾,其中 7.24 万 hm^2 成灾,2.33 万 hm^2 绝收或绝苗;潜江市出现涝灾的频率平均为一年一遇或两年三遇。中下游段地势低平,缺乏蓄水环境,降水后大多流失下渗,涵养水源能力弱,蒸发显著,则旱情也不容乐观。已有研究基于 Cubist 算法建立了 2001—2017 年汉江流域月尺度综合地面干旱指数数据集,并利用游程理论对干旱事件进行识别和表征,研究结果显示,汉江流域 2001—2017 年间共识别出 5 次典型干旱事件,主要分布在流域东部地区[①]。我国常用受灾率和灾害指数强度来衡量干旱对粮食生产单位面积的致灾程度。前者为旱灾受灾面积占总粮食播种面积的比率,后者则表示为成灾面积占受灾面积的比例。一般而言,粮食单产多少主要取决于气象条件的好坏,粮食作物在生长季的不同阶段对光照、温度和水分的要求各不相同,通常干旱等灾害的出现,会导致某个或多个要素超过临界值,从而影响农作物的生长发育,进而导致粮食单产水平的下降,影响粮食产量。区域性、阶段性旱涝灾害频发,使得汉江流域中下游农业生产面临的不确定性进一步增加,因极端气候造成的粮食生产损失加剧,威胁粮食生产稳中有增的目标。

10.3 本章小结

粮食生产能力是在一定的经济技术条件下,由各生产要素综合投入所形成的,可以稳定地达到一定产量的粮食产出能力。粮食生产能力由投入和产出两个方面的因素构成,由水、耕地、资本、劳动科学技术等要素的投入能力所决定,其中农业用水安全是保障粮食生产能力的重要因素之一,粮食生产能力的进步也会倒逼农业用水安全等级的提升。本章对调水前后汉江流域中下游地区农业用水安全与粮食生产能力的现状进行了分析,并找寻出二者之间的矛盾关系,为调水背景下水粮耦合关系机制分析打下重要基础。

---

① JIANG W X, WANG L C, ZHANG M, et al. Analysis of drought events and their impacts on vegetation productivity based on the integrated surface drought index in the Hanjiang River Basin, China [J]. Atmospheric Research,2021,254:1-13.

第十一章 汉江流域中下游农业用水安全与粮食生产能力耦合协调及障碍度研究

粮食安全问题关系国计民生、稳定发展,是全社会广泛关注的重要课题。随着工业化、城市化的快速推进和极端天气事件的频频发生,粮食生产面临资源的刚性约束,人地水粮的矛盾日益尖锐,严重制约了我国粮食的可持续生产能力,粮食安全正遭受严峻考验。粮食生产过程耗水量大,农业用水安全是实现粮食安全的基础,中国是农业灌溉大国但水资源地区分布失衡、农业用水供需矛盾突出。汉江流域作为重要粮食产区位于我国中部地区,整个流域约有 2 750 万人口,耕地面积约 280 万 hm^2,流域内降水季节分布不均匀且年际变化大。为了缓解我国水资源南北分布不均的供需矛盾等问题,国家实施了一系列跨流域调水和水利工程建设项目,作为国家水网的主骨架和大动脉,南水北调中线工程从丹江口水库引水北上,汉江流域作为中线调水工程的取水区,未来农业灌溉水资源可能会遭到进一步压减。农业用水短缺将对粮食产量和品质造成巨大压力,研究农业用水与粮食生产协调适配关系具有重大意义。

汉江流域位于我国中部地区粮食主产区,粮食生产能力突出,但一方面随着快速城市化,需要产出更多的粮食来维持不断增长的人口;另一方面作为水源区对外需保证调水工程的平稳运行,对内需保障本地区工业、生态、生活用水的正常供应,其他用水部门需水占比不断增加,也使农业灌溉水量受到进一步挤压,"以水换粮"的发展模式难以为继,水、粮矛盾日益显现,为此构建了适用于汉江流域粮食产区农业水安全与粮食安全的评价指标体系,测算了 2010—2021 年汉江流域中下游 19 县市区农业水安全和粮食安全得分,采用耦合协调度模型和相对发展度模型分析两者的耦合协调水平及耦合协调发展类型,旨在揭示农业用水安全和粮食生产能力在时间和空间上的协调适配差异,试图回答以下科学问题。

(1)如何定量评价汉江流域中下游农业用水安全和粮食生产能力协调适

配程度？

（2）南水北调中线工程运行前后，汉江流域中下游农业水安全和粮食生产能力协调配适度变化趋势如何？在空间上的协调适配存在何种差异？

（3）影响汉江流域中下游农业用水安全与粮食生产能力的主要障碍因子分别是什么？

11.1　研究方法、指标体系设计与数据来源

11.1.1　农业用水安全与粮食生产能力评价指标体系构建

粮食安全实现的前提是稳定增加的粮食作物产量，而粮食作物的增产依赖于充足的农业水源供应。中国农业节水与国家粮食安全高级论坛提出，水资源的充分供给能力是实现国家粮食安全的关键[①]。充足的农业用水供给能够有效地保障粮作物顺利长成、获得预期收获，反之干旱缺水则严重威胁着农作物的生长，导致作物减产甚至绝收。为全面科学地评价南水北调中线工程运行前后汉江流域农业水安全、粮食安全发展水平，通过梳理许多学者观点及参考相关研究成果，结合汉江流域粮食产区的实际情况，构建汉江流域农业用水安全与粮食生产能力的评价指标体系。该评价指标筛选基于农业水安全评价、粮食安全评价和粮食与农业水安全综合评价三个方面的研究，并考虑数据可获取性，将农业用水安全分为供水安全、灾害防治和设施保障3个子系统[②]，粮食生产能力划分为自然禀赋、生产投入和产出能力3个子系统[③]。结合粮食与农业水安全研究及实地调研结果，选取相应指标。最终由6个子系统，共17项指标构成评价指标体系。该评价指标数据存在正向与负向两种情况，采用极差方法标准化处理[④]，指标选取及权重见表11.1.1。

①　赵清，刘晓旭，刘晓民，等. 最严格视域下水资源供给侧结构性改革经验探讨——内蒙古自治区水资源管理改革实践[J]. 水利经济，2018，36(1)：71-73.

②　侯新，刘玉邦，梁川，等. 农业水资源高效利用评价指标体系构建及其应用[J]. 中国农村水利水电，2011(9)：8-11.

③　刘苗苗，潘佩佩，任佳璇，等. 京津冀粮食安全与农业用水安全耦合协调研究[J]. 中国农业资源与区划，2023(2)：170-182.

④　姚成胜，滕毅，黄琳. 中国粮食安全评价指标体系构建及实证分析[J]. 农业工程学报，2015(4)：1-10.

表 11.1.1 农业水安全与粮食生产能力评价指标体系

系统	子系统	指标层	单位	指标性质	权重
农业用水安全	供水安全	农业水资源量	10^8 m^3	正向	0.207 2
		降水量	mm	正向	0.024 1
		粮食灌溉用水量	10^8 m^3	正向	0.045 7
		水资源调出率	%	负向	0.025 5
	灾害防治	农业受灾面积	hm^2	负向	0.010 9
		旱涝保收面积	hm^2	正向	0.167 4
	设施保障	有效灌溉率	%	正向	0.003 3
		水利建设支出	万元	正向	0.515 9
粮食生产能力	自然禀赋	人均耕地面积	hm^2/人	正向	0.060 4
		粮食作物实际种植面积	hm^2	正向	0.115 3
		作物种植结构	%	正向	0.233 5
	生产投入	农业机械总动力	kW	正向	0.129 3
		农业从业人员	万人	正向	0.176 1
		粮食生产化肥施用量	t	负向	0.058 5
		粮食生产农药施用量	t	负向	0.037 2
	产出能力	粮食总产量	t	正向	0.131 5
		单位耕地面积粮食产量	t/hm^2	正向	0.058 2

由于不同的数据具有不同的量纲和变异系数,为消除量纲和变异系数带来的影响,在确定指标权重之前对数据进行标准化,本书采用极差标准化对原始数据进行标准化处理,使各种指标数据值范围都处于[0,1]之间,而后对各项指标采用熵值法客观赋权[①]确定指标权重。

各指标的标准化处理,其中:

正向指标

$$X_{ij} = \frac{x_{ij} - \min(x_j)}{\max(x_j) - \min(x_j)} \tag{11-1}$$

负向指标

---

① 姚成胜,殷伟,李政通.中国粮食安全系统脆弱性评价及其驱动机制分析[J].自然资源学报,2019,34(8):1720-1734.

$$X_{ij} = \frac{\max(x_j) - x_{ij}}{\max(x_j) - \min(x_j)} \tag{11-2}$$

式(11-1)、式(11-2)中：x_{ij} 为第 i 个研究对象第 j 项的指标原值；X_{ij} 为第 i 个研究对象第 j 项指标的标准化值；$\max(x_j)$ 和 $\min(x_j)$ 表示所有研究对象中第 j 项指标中的最大值和最小值。

第 j 项指标的信息熵：

$$h_j = -k \sum_{i=1}^{m} (r_{ij} \times \ln r_{ij}) \tag{11-3}$$

$$k = \frac{1}{\ln m}$$

$$r_{ij} = \frac{X_{ij}}{\sum\limits_{i=1}^{m} X_{ij}} \tag{11-4}$$

式(11-3)、式(11-4)中：h_j 为第 j 项指标的信息熵；m 表示评价年数；r_{ij} 为第 i 年第 j 项指标的标准化值占该指标总值的比重；k 为常数。

信息熵冗余度及权重计算为

$$g_j = 1 - h_j$$

$$w_j = \frac{g_j}{\sum\limits_{j=1}^{n} g_j} \tag{11-5}$$

式中：g_j 为第 j 项指标的信息冗余度；w_j 表示第 j 项指标的权重；n 为各系统评价指标个数。

11.1.2 四象限分析模型

本研究将四象限模型应用于汉江流域中下游农业用水安全与粮食生产能力的耦合评价中，从动态和静态两方面综合分析汉江流域中下游水粮变化关系。以农业用水安全为 x 轴，粮食生产能力为 y 轴，导出 4 个象限，构建四象限模型。四象限的指标值反映了不同评价单元的水粮匹配程度。在图 11.1.1 中，第一象限为农业水安全与粮食生产能力指数均高水平区域，农业用水安全可以保障粮食生产向好发展，是最佳理想状态。第二象限为农业用水安全低，粮食生产能力高的地区，虽粮食生产能力在本区内处于领跑水平但农业用水安全却处于脆弱状态,农业用水安全问题可能会成为未来本区粮食生产的重要隐患。第三象限为农业用水安全与粮食生产能力指数均低的地区,是最不理想状态。第四象限为农业用水安全水平高,粮食生产能力低的地区,可能是因为自然禀赋、历史因素的影响落于该象限的区域在粮食生产中处于劣势地位。

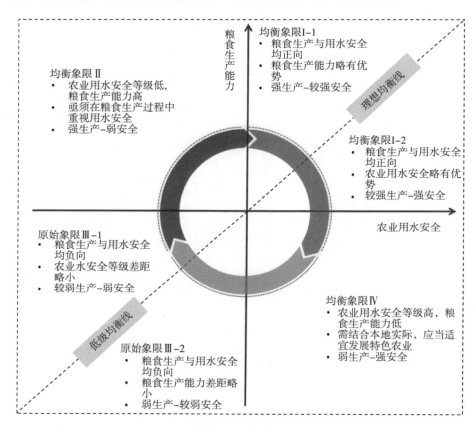

图 11.1.1 农业用水安全与粮食生产能力的四象限分析模型

11.1.3 耦合协调度及相对发展度模型

基于各项评价指标标准化后的数值和权重,对粮食安全和农业用水安全评价指数进行计算,计算公式为①

$$f(x) = \sum_{i=1}^{n} a_i X_i \tag{11-6}$$

$$g(y) = \sum_{j=1}^{n} b_j Y_j \tag{11-7}$$

式(11-6)、式(11-7)中：$f(x)$、$g(y)$ 分别表示农业用水安全评价指数与粮食安全评价指数，$f(x)$ 越大代表农业水安全状态越好，$g(y)$ 数值越大代表粮食安全水平越高；a_i、b_j 为各系统评价指标的权重；X_i、Y_j 分别为各系统评价指标的标准化值；n 为各系统评价指标个数。用耦合度衡量农业用水安全与粮食生产能力之间相互影响及联系的程度，计算公式为[①]

$$C = \left\{ \frac{f(x)g(y)}{[(f(x) + g(y))/2]^2} \right\}^{\frac{1}{2}} \tag{11-8}$$

式中：C 为耦合度反映两个或两个以上系统相互影响作用程度，C 值介于 0～1 之间，当 C 值越接近于 1 时，说明系统间的相互关系越强；当 C 值越接近于 0 时，说明系统间的相互关系越弱。

参考已有研究[②]对耦合度进行等级分类，但耦合度不能充分表现粮食安全与农业用水安全在发展过程中是否协调，所以利用耦合协调度模型了解两者在发展过程中的协调程度，计算公式为

$$D = \sqrt{C \times T}$$
$$T = \alpha f(x) + \beta g(y) \tag{11-9}$$

式中：D 为耦合协调度，$D \in [0,1]$，值越大表示粮食安全与农业用水安全越趋于协调发展；T 为两者综合评价指数；α、β 表示两个系统的重要程度，结合汉江流域实际，确定两者同等重要，所以 $\alpha = \beta = 0.5$。参考已有研究对耦合协调度的分类方法，将耦合协调度分为 3 个等级：失调阶段（0，0.3]、磨合阶段（0.3，0.7]、协调阶段（0.7，1]。

相对发展度模型可以用来分析农业用水安全与粮食安全两个系统的相对发展状态，根据相对发展度（F）来判断两个系统间的耦合发展类型，具体算

①　罗海平，余兆鹏，邹楠. 我国粮食主产区生态与粮食安全耦合协调分析——基于 1995—2015 年面板数据[J]. 中国农业资源与区划，2020，41(10)：32-39.

②　王勇，孙瑞欣. 土地利用变化对区域水—能源—粮食系统耦合协调度的影响——以京津冀城市群为研究对象[J]. 自然资源学报，2022，37(3)：582-599.

法为

$$F = \frac{f(x)}{g(y)} \qquad (11-10)$$

参考相关学者对相对发展度等级的划分标准[①]，将农业用水安全与粮食生产能力耦合协调发展状况分为 4 个阶段 10 种类型（表 11.1.2）。

表 11.1.2　农业用水安全与粮食生产能力耦合协调发展阶段与类型

耦合协调程度	耦合协调类型	耦合协调度 D	相对发展度 F 及状态
失调衰退	Ⅰ 极度失调类	[0,0.1]	0<F≤0.8:农业用水安全滞后于粮食生产能力（滞后型） 0.8<F≤1.2:农业用水安全同步于粮食生产能力（同步型） F>1.2:农业用水安全超前于粮食生产能力（超前型）
	Ⅱ 严重失调类	(0.1,0.2]	
	Ⅲ 中度失调类	(0.2,0.3]	
过度类型	Ⅳ 轻度失调类	(0.3,0.4]	
	Ⅴ 濒临失调类	(0.4,0.5]	
基本协调	Ⅵ 勉强协调类	(0.5,0.6]	
	Ⅶ 初级协调类	(0.6,0.7]	
	Ⅷ 中级协调类	(0.7,0.8]	
高度协调	Ⅸ 良好协调类	(0.8,0.9]	
	Ⅹ 优质协调类	(0.9,1]	

11.1.4　障碍度模型

为了更好地识别主要协调因素对耦合协调度的影响程度，保障农业用水安全与粮食生产能力间的协调发展，引入了生态系统评估中的健康距离模型，即"障碍度模型"。通过因子贡献度 D_j、指标偏离度 I_j 及障碍度 M_j，构建如下障碍度模型：

$$D_j = W_j \qquad (11-11)$$

$$I_j = 1 - x_j \qquad (11-12)$$

$$M_j = \frac{D_j I_j}{\sum\limits_{j=1}^{n} D_j I_j} \times 100\% \qquad (11-13)$$

---

① 杨悦,员学锋,马超群,等.秦巴山区农户生计与乡村发展耦合协调分析:以陕西省洛南县为例[J].生态与农村环境学报,2021,37(4):448-455.

式(11-11)至式(11-13)中：W_j 为第 j 个指标的权重；x_j 为其标准化值。通过对障碍度 M_j 的大小排序可以确定区域农业用水安全与粮食生产能力障碍因素的主次关系和各障碍因素对两者的影响程度。

11.2　汉江流域中下游农业用水安全与粮食生产能力耦合协调发展评价

11.2.1　汉江流域农业用水安全与粮食生产能力指数时序变化特征

由式(11-1)至式(11-7)测算出 2010—2021 年汉江流域中下游 19 个受调水影响县市区农业用水安全指数和粮食生产能力指数，其后运用式(11-8)至式(11-10)计算二者耦合协调度和相对发展度。总体来看，汉江流域中下游农业用水安全指数与粮食生产能力指数波动特征相似，呈现波动上升趋势，且粮食生产能力指数始终高于农业用水安全指数。其中，2010—2021 年汉江流域中下游农业用水安全指数由 0.204 增长至 0.233，总体呈增长趋势，除 2015 年外各年间波动较小。除降水季节和区域差异悬殊、中线调水导致的水量损失、农药化肥的超量使用和农田水利设施仍不健全等长期存在的问题，近年湖北省大范围多季连旱频发，且干旱重灾区呈现由传统鄂北岗地向鄂中丘陵区、江汉平原周边延伸的态势，严重制约了汉江流域中下游农业用水的可持续发展。随着《湖北省 2013—2015 年最严格水资源管理控制目标和工作计划》的推进和开展，使得 2015 年汉江流域中下游农业用水安全指数呈现显著上涨态势。

2010—2021 年汉江流域中下游粮食生产能力呈波动上升趋势，由 2010 年的 0.295 增长到 2021 年的 0.324，表明汉江流域中下游粮食生产能力不断提升(图 11.2.1)。这一时期《国家粮食安全中长期规划纲要(2008—2020 年)》开始实施，粮食主产区逐步统一思想，高度重视粮食安全工作，粮食安全水平明显提升。湖北省开始进行农业供给侧改革，调整粮食种植结构以应对粮食的市场需求，促进了粮食安全水平提高。其中 2016 年和 2018 年指数出现了小幅波动，2016 年因极端降水影响，中下游地区多省发生洪涝灾害，严重影响农作物正常生长，农业产值损失严重；2018 年 1 月初、4 月初和 12 月下旬发生低温雨雪冰冻灾害，湖北作为灾情较重省份之一，农作物生长受到较大影响。

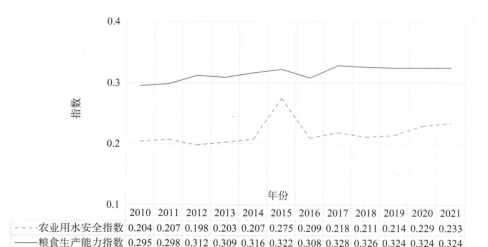

	2010	2011	2012	2013	2014	2015	2016	2017	2018	2019	2020	2021
---农业用水安全指数	0.204	0.207	0.198	0.203	0.207	0.275	0.209	0.218	0.211	0.214	0.229	0.233
——粮食生产能力指数	0.295	0.298	0.312	0.309	0.316	0.322	0.308	0.328	0.326	0.324	0.324	0.324

图 11.2.1　汉江流域中下游 2010—2021 年农业用水安全与粮食生产能力指数变化

从各县市内部来看,汉江流域中下游农业用水安全与粮食生产能力存在显著的地区差异(图 11.2.2)。农业用水安全的地区差异尤为显著,江汉平原地区农业用水安全等级较高,研究区内西北、西南地区农业用水安全均处于较低等级。各县市粮食生产能力差异同样显著,根据指数可划分为三种类型:一是高水平地区,主要包括武汉市、襄阳市区、枣阳市,这一类型粮食生产能力水平

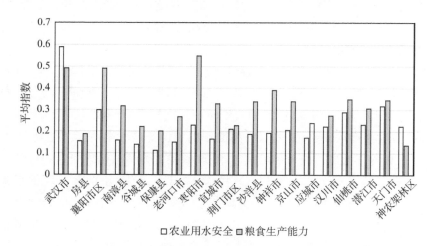

□农业用水安全　■粮食生产能力

图 11.2.2　汉江流域中下游分县市区农业用水安全与粮食生产能力平均指数

介于0.4～0.6之间,明显高于区域整体水平;二是中水平地区,粮食生产能力介于0.2～0.4之间,汉江流域中下游作为我国传统优势粮食产区,区域内多数县市属于该层级;三是低水平地区,粮食生产能力低于0.2,落后于区域整体水平,主要有房县和神农架林区,这与本地区农业生产的自然条件相关。

将农业用水安全与粮食生产能力指标分别作为x轴和y轴构建四象限模型(图11.2.3),观察汉江流域中下游19县市区2012年、2015年、2018年和2021年散点分布及变化状态。由图可以看出,汉江流域中下游各县市区由最初积聚于原始象限Ⅲ-1逐渐向均衡象限Ⅱ过渡,呈现"原始象限Ⅲ—均衡象限Ⅱ—均衡象限Ⅰ"的路径演变趋势,这意味着汉江流域中下游地区正经历着由"低农业用水安全-低粮食生产能力"到"低农业用水安全-高粮食生产能力"再到"高农业用水安全-高粮食生产能力"的发展过程。在2021年,神农架林区、房县、保康县、谷城县、荆门市区、老河口市、应城市、汉川市仍处于原始象限Ⅲ,潜江市则完成了由原始象限Ⅲ向均衡象限Ⅱ的转变,因其粮食生产能力提升而使农业用水安全等级逐渐无法与其匹配,而天门市、仙桃市和武汉市已经位于理想均衡线附近,这意味着该地区农业用水安全与粮食生产能力均达到较优水平,两者均呈现向好发展的态势。

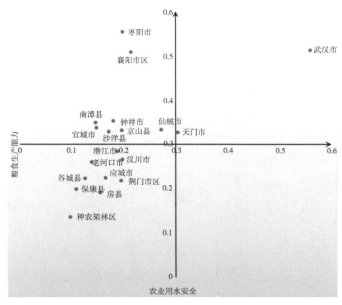

2012年

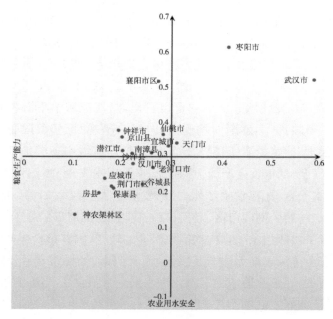

2015 年

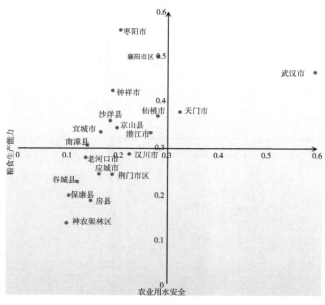

2018 年

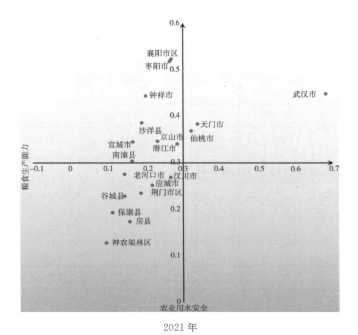

2021 年

图 11.2.3　汉江流域中下游典型年下农业用水安全与粮食生产能力指数四象限散点分布

11.2.2　汉江流域农业用水安全与粮食生产能力耦合协调时空演变

时间变化上，汉江流域中下游农业用水安全指数与粮食生产能力指数耦合度整体接近于1并保持稳定，始终处于高耦合水平，表明两者相互作用程度非常高并向有序结构方向发展，为进一步探讨二者相对关系、推动两者协调发展，引入耦合协调度和相对发展度。但二者耦合协调度始终处于(0.4，0.6)的区间范围内，由2010年的0.484变化为2021年的0.512且总体浮动较小，说明在2010—2021年间汉江流域中下游农业用水安全与粮食生产能力仍处于磨合阶段且状态相对稳定；农业用水安全与粮食生产能力二者相对发展度多数处于(0.6，0.9)的区间中，说明汉江流域中下游农业用水安全滞后于粮食生产能力，农业用水安全等级仍无法有效保障本区域粮食高效生产（表11.2.1）。

本章节截取2012年、2015年、2018年和2021年的数据观察19县市区的耦合协调度及相对发展度变化情况（表11.2.2～表11.2.5）。

表 11.2.1　汉江流域中下游 2010—2021 农业用水安全与粮食生产能力耦合
协调度与相对发展度

年份	农业用水安全综合评价得分 $U1$	粮食生产能力综合评价得分 $U2$	耦合度 C	综合评价指数 T	耦合协调度 D	相对发展度 F	耦合阶段	发展状态
2010	0.204	0.295	0.969	0.250	0.485	0.69	Ⅴ濒临失调类	滞后型
2011	0.207	0.298	0.969	0.253	0.488	0.71	Ⅴ濒临失调类	滞后型
2012	0.198	0.312	0.962	0.255	0.488	0.648	Ⅴ濒临失调类	滞后型
2013	0.208	0.319	0.965	0.264	0.498	0.653	Ⅴ濒临失调类	滞后型
2014	0.202	0.307	0.968	0.487	0.487	0.667	Ⅴ濒临失调类	滞后型
2015	0.275	0.322	0.988	0.298	0.532	0.837	Ⅵ勉强协调类	滞后型
2016	0.209	0.308	0.971	0.259	0.493	0.694	Ⅴ濒临失调类	滞后型
2017	0.218	0.328	0.966	0.273	0.505	0.672	Ⅵ勉强协调类	滞后型
2018	0.211	0.326	0.963	0.268	0.5	0.65	Ⅴ濒临失调类	滞后型
2019	0.214	0.324	0.96	0.269	0.5	0.668	Ⅴ濒临失调类	滞后型
2020	0.229	0.324	0.971	0.277	0.51	0.714	Ⅵ勉强协调类	滞后型
2021	0.221	0.324	0.972	0.273	0.512	0.777	Ⅵ勉强协调类	滞后型

表 11.2.2　19 县市区 2012 年农业用水安全与粮食生产能力耦合协调度与相对发展度

2012 年	耦合度	协调度	耦合协调度	相对发展度	耦合阶段	发展状态
武汉市	0.999	0.536	0.732	1.091	Ⅷ中级协调类	同步型
房县	0.995	0.173	0.415	0.824	Ⅴ濒临失调类	同步型
襄阳市区	0.913	0.361	0.574	0.421	Ⅵ勉强协调类	滞后型
南漳县	0.912	0.247	0.475	0.418	Ⅴ濒临失调类	滞后型
谷城县	0.965	0.176	0.412	0.585	Ⅴ濒临失调类	滞后型
保康县	0.955	0.154	0.383	0.543	Ⅳ轻度失调类	滞后型
老河口市	0.952	0.199	0.435	0.531	Ⅴ濒临失调类	滞后型
枣阳市	0.88	0.376	0.575	0.356	Ⅵ勉强协调类	滞后型
宜城市	0.92	0.242	0.472	0.437	Ⅴ濒临失调类	滞后型
荆门市区	0.998	0.206	0.454	0.892	Ⅴ濒临失调类	同步型
沙洋县	0.949	0.25	0.487	0.521	Ⅴ濒临失调类	滞后型

续表

2012 年	耦合度	协调度	耦合协调度	相对发展度	耦合阶段	发展状态
钟祥市	0.946	0.266	0.502	0.51	Ⅵ勉强协调类	滞后型
京山县（今京山市）	0.967	0.264	0.505	0.592	Ⅵ勉强协调类	滞后型
应城市	0.988	0.195	0.438	0.734	Ⅴ濒临失调类	滞后型
汉川市	0.989	0.231	0.478	0.74	Ⅴ濒临失调类	滞后型
仙桃市	0.995	0.302	0.549	0.818	Ⅵ勉强协调类	同步型
潜江市	0.978	0.235	0.479	0.657	Ⅴ濒临失调类	滞后型
天门市	0.999	0.315	0.561	0.931	Ⅵ勉强协调类	同步型
神农架林区	0.985	0.117	0.339	0.709	Ⅳ轻度失调类	滞后型

表 11.2.3　19 县市区 2015 年农业用水安全与粮食生产能力耦合协调度与相对发展度

2015 年	耦合度	协调度	耦合协调度	相对发展度	耦合阶段	发展状态
武汉市	0.998	0.553	0.743	1.13	Ⅷ中级协调类	同步型
房县	0.992	0.176	0.418	0.779	Ⅴ濒临失调类	滞后型
襄阳市区	0.985	0.624	0.784	1.423	Ⅷ中级协调类	超前型
南漳县	0.996	0.286	0.534	0.834	Ⅵ勉强协调类	同步型
谷城县	0.999	0.232	0.482	1.097	Ⅴ濒临失调类	同步型
保康县	0.998	0.197	0.444	0.87	Ⅴ濒临失调类	同步型
老河口市	1	0.266	0.516	0.976	Ⅵ勉强协调类	同步型
枣阳市	0.981	0.513	0.71	0.678	Ⅷ中级协调类	滞后型
宜城市	0.998	0.312	0.558	0.888	Ⅵ勉强协调类	同步型
荆门市区	0.996	0.198	0.444	0.828	Ⅴ濒临失调类	同步型
沙洋县	0.975	0.259	0.503	0.638	Ⅵ勉强协调类	滞后型
钟祥市	0.947	0.284	0.519	0.515	Ⅵ勉强协调类	滞后型
京山县（今京山市）	0.96	0.278	0.517	0.563	Ⅵ勉强协调类	滞后型
应城市	0.984	0.202	0.446	0.694	Ⅴ濒临失调类	滞后型
汉川市	0.993	0.251	0.5	0.795	Ⅴ濒临失调类	滞后型

续表

2015 年	耦合度	协调度	耦合协调度	相对发展度	耦合阶段	发展状态
仙桃市	0.992	0.324	0.567	0.779	Ⅵ勉强协调类	滞后型
潜江市	0.986	0.265	0.511	0.714	Ⅵ勉强协调类	滞后型
天门市	0.999	0.325	0.57	0.916	Ⅵ勉强协调类	同步型
神农架林区	0.992	0.121	0.347	0.777	Ⅳ轻度失调类	滞后型

表 11.2.4　19 县市区 2018 年农业用水安全与粮食生产能力耦合协调度与相对发展度

2018 年	耦合度	协调度	耦合协调度	相对发展度	耦合阶段	发展状态
武汉市	0.993	0.531	0.726	1.271	Ⅷ中级协调类	超前型
房县	0.993	0.166	0.406	0.788	Ⅴ濒临失调类	滞后型
襄阳市区	0.959	0.391	0.612	0.558	Ⅶ初级协调类	滞后型
南漳县	0.928	0.224	0.456	0.458	Ⅴ濒临失调类	滞后型
谷城县	0.955	0.174	0.407	0.542	Ⅴ濒临失调类	滞后型
保康县	0.949	0.149	0.376	0.519	Ⅳ轻度失调类	滞后型
老河口市	0.938	0.208	0.441	0.486	Ⅴ濒临失调类	滞后型
枣阳市	0.885	0.382	0.582	0.365	Ⅵ勉强协调类	滞后型
宜城市	0.941	0.251	0.486	0.493	Ⅴ濒临失调类	滞后型
荆门市区	0.992	0.216	0.463	0.778	Ⅴ濒临失调类	滞后型
沙洋县	0.946	0.273	0.508	0.511	Ⅵ勉强协调类	滞后型
钟祥市	0.923	0.308	0.533	0.443	Ⅵ勉强协调类	滞后型
京山市	0.963	0.272	0.512	0.574	Ⅵ勉强协调类	滞后型
应城市	0.98	0.203	0.446	0.667	Ⅴ濒临失调类	滞后型
汉川市	0.992	0.255	0.503	0.775	Ⅵ勉强协调类	滞后型
仙桃市	0.99	0.326	0.568	0.754	Ⅵ勉强协调类	滞后型
潜江市	0.993	0.301	0.547	0.794	Ⅵ勉强协调类	滞后型
天门市	0.997	0.352	0.593	0.852	Ⅵ勉强协调类	同步型
神农架林区	0.986	0.117	0.34	0.716	Ⅳ轻度失调类	滞后型

表 11.2.5　19 县市区 2021 年农业用水安全与粮食生产能力耦合协调度与相对发展度

2021 年	耦合度	协调度	耦合协调度	相对发展度	耦合阶段	发展状态
武汉市	0.93	0.328	0.553	0.464	Ⅵ勉强协调类	滞后型
房县	0.996	0.193	0.438	1.207	Ⅴ濒临失调类	超前型
襄阳市区	0.902	0.365	0.574	0.397	Ⅵ勉强协调类	滞后型
南漳县	0.983	0.257	0.503	0.693	Ⅵ勉强协调类	滞后型
谷城县	0.999	0.221	0.47	0.939	Ⅴ濒临失调类	同步型
保康县	0.998	0.207	0.454	1.133	Ⅴ濒临失调类	同步型
老河口市	0.995	0.25	0.498	0.811	Ⅴ濒临失调类	同步型
枣阳市	0.916	0.37	0.582	0.428	Ⅵ勉强协调类	滞后型
宜城市	0.978	0.285	0.528	0.652	Ⅵ勉强协调类	滞后型
荆门市区	1	0.231	0.481	0.964	Ⅴ濒临失调类	同步型
沙洋县	0.967	0.307	0.545	0.593	Ⅵ勉强协调类	滞后型
钟祥市	0.949	0.337	0.565	0.519	Ⅵ勉强协调类	滞后型
京山市	0.98	0.288	0.531	0.665	Ⅵ勉强协调类	滞后型
应城市	0.999	0.242	0.491	0.919	Ⅴ濒临失调类	同步型
汉川市	0.997	0.249	0.499	0.853	Ⅴ濒临失调类	同步型
仙桃市	0.97	0.297	0.536	0.61	Ⅵ勉强协调类	滞后型
潜江市	0.977	0.281	0.524	0.649	Ⅵ勉强协调类	滞后型
天门市	0.96	0.299	0.536	0.562	Ⅵ勉强协调类	滞后型
神农架林区	0.965	0.175	0.411	1.716	Ⅴ濒临失调类	超前型

　　在空间维度上,汉江流域农业用水安全与粮食生产能力耦合协调度整体呈现出"西北低、东南高"的分布特征。西北部地区仍处于轻度失调到濒临失调阶段,而中部地区和东南部江汉平原多数县市已经完成从失调阶段向勉强协调或中级协调阶段的转变(图 11.2.4)。主要原因有两方面:一方面,中部地区及江汉平原地区土壤肥沃且耕地质量高,能够配合农业现代化技术发挥粮食生产的规模化和集约化优势,良好的水资源禀赋也为保障粮食安全提供了强有力的支撑。另一方面,随着生态保护理念渗入社会发展的各个方面,中部地区及江汉

平原地区也更加注重生态环境保护,加大农田水利建设投入,有效灌溉率及农业灌溉水利用系数位居全省前列,因此中部及东南部地区农业用水安全与粮食生产能力的耦合协调度要优于西北部地区。但从相对发展度来看,中部及鄂东南地区两者发展水平仍存在差距,多数县市农业用水安全滞后于粮食生产能力,农业用水安全如何跟上粮食生产能力发展的脚步,用与之匹配的安全等级为粮食生产保驾护航是必须重视的问题。

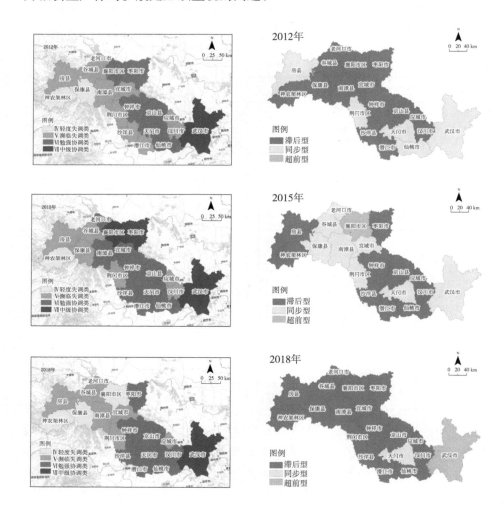

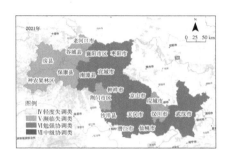

图 11.2.4 汉江流域中下游农业用水安全与粮食生产能力耦合协调关系时空变化

注:本图彩图见附图1。

《湖北省国土空间规划(2021—2035年)》中,将湖北省空间规划区分成六类,分别是生态保护区、生态控制区、农田保护区、城镇发展区、乡村发展区、矿产能源发展区,这意味着在确保不触碰耕地红线的基础上因地制宜发展特色农业十分必要。根据汉江流域中下游农业用水安全与粮食生产能力耦合协调度及相对发展度,将19县市区划分为不同定位的农业发展区域:耦合协调度均值处于(0.6,0.7)的农业核心区——武汉市、枣阳市和襄阳市区,均值处于(0.45,0.6)的农业优势发展区——南漳县、老河口市、宜城市、荆门市区、沙洋县、钟祥市、京山市、应城市、汉川市、仙桃市、潜江市、天门市,均值处于0.45以下的农业生态发展区——房县、谷城县、保康县和神农架林区。其中,武汉市、枣阳市和襄阳市区位于第一梯队,是当前汉江流域中下游农业用水安全和粮食生产能力匹配程度最优的城市,依赖于优越的自然禀赋,同时背靠庞大的城市消费市场,为该区粮食生产提供依托,科技支撑与资金投入也使得农业用水安全为粮食生产保驾护航,形成良性循环。但仍需要引起注意的是,2021年武汉市、枣阳市农业用水安全仍滞后于粮食生产能力的发展,为保持并加强农业发展的核心地位,通过加大农业的科技投入和物质投入,提高农业水资源利用的效率和效益,同时也应当在城市发展的基础上加大对耕地的保护,实现农业规模效益。汉江流域中下游19县市区中有超六成的县市地区处于农业优势发展区,该区集中在研究区内岗地丘陵区和中部腹地,自然条件良好,农业规模较大,各县市内有其农业生产的特色和优势,但该区农业用水安全始终滞后于粮食生产能力,水旱灾害防治和水利建设投入欠缺,只有在不断提升农业用水安全的基础上才能冲破发展瓶颈,提高粮食生产竞争力。农业生态发展区主要包括房县和神农架林区,该区位于研究区内西北部地区,主要为山地地形,农业发展自然条件恶劣,且经济条件落后,没有形成对农业的财政支持制度,难以促进农业稳定发展。但该地区农业用水安全程度优于粮食生产能力,未来农业发展方向应当主要突出林地的资源优势,通过提高林地质量、提高森林覆盖率和治山保水工程来强化其生态功能,同时发展林业特种产品促进农业和经济的发展,在退耕还林的同时,加强基本农田建设,缓解人地矛盾。

11.3 影响农业用水安全与粮食生产能力的主要障碍因子识别

为了进一步考察各维度和基础指标对水粮协调关系的影响,引入障碍度模型对其进行诊断和分析,从而识别出制约农业用水安全与粮食生产能力的关键因素。从时间维度上看,选取 2012 年、2015 年、2018 年和 2021 年作为 4 个典型年,农业用水安全评价体系中水利建设支出、农业水资源量和旱涝保收面积 3 项指标是由大至小最主要的障碍因子,粮食生产能力评价体系中作物种植结构、农业从业人员和粮食总产量 3 项指标是由大至小最主要的障碍因子,且年际间因子障碍度变化幅度较小(图 11.3.1)。

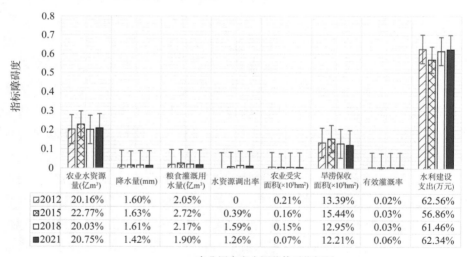

	农业水资源量(亿m³)	降水量(mm)	粮食灌溉用水量(亿m³)	水资源调出量	农业受灾面积(×10³hm²)	旱涝保收面积(×10³hm²)	有效灌溉率	水利建设支出(万元)
2012	20.16%	1.60%	2.05%	0	0.21%	13.39%	0.02%	62.56%
2015	22.77%	1.63%	2.72%	0.39%	0.16%	15.44%	0.03%	56.86%
2018	20.03%	1.61%	2.17%	1.59%	0.15%	12.95%	0.03%	61.46%
2021	20.75%	1.42%	1.90%	1.26%	0.07%	12.21%	0.06%	62.34%

农业用水安全评价体系指标层

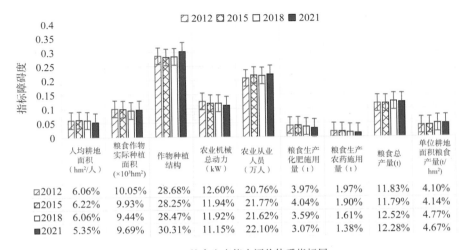

	人均耕地面积（hm²/人）	粮食作物实际种植面积（×10³hm²）	作物种植结构	农业机械总动力（kW）	农业从业人员（万人）	粮食生产化肥施用量（t）	粮食生产农药施用量（t）	粮食总产量(t)	单位耕地面积粮食产量(t/hm²)
2012	6.06%	10.05%	28.68%	12.60%	20.76%	3.97%	1.97%	11.83%	4.10%
2015	6.22%	9.93%	28.25%	11.94%	21.77%	4.04%	1.90%	11.79%	4.14%
2018	6.06%	9.44%	28.47%	11.92%	21.62%	3.59%	1.61%	12.52%	4.77%
2021	5.35%	9.69%	30.31%	11.15%	22.10%	3.07%	1.38%	12.28%	4.67%

粮食生产能力评价体系指标层

图 11.3.1　汉江流域中下游农业用水安全与粮食生产能力指标层主要障碍因子识别

考虑到 2010—2021 年长达十二年的数据样本量较大,选取 2012 年、2015 年、2018 年、2021 年的 19 县市区数据作为样本进行障碍因素分析,便于对比各县市不同区位上主要障碍因子的差异(表 11.3.1、表 11.3.2)。无论是从时间还是空间维度来看,水利建设支出、农业用水资源量和旱涝保收面积均是影响农业用水安全指数的最重要因素。相较于农业用水安全指数,粮食生产能力指数障碍因子则体现出差异化特征,从时间维度看,作物种植结构和农业从业人员均是各县市最为突出的障碍因子;从空间维度看,研究区内西北和北部地区影响粮食生产能力指数排名第三位的障碍因子是农业机械总动力,东南和中部地区则是粮食总产量,这是因为中部和东南部地区因其优越的自然种植条件和农业生产基础,农业机械化程度已经达到较高水平,而更加注重城镇化、非农化影响下粮食的高产稳产,西北和北部地区则需通过机械动力投入提升粮食生产能力。

表 11.3.1　19 县市区农业用水安全指标层主要障碍因子排序

	2012 年	2015 年	2018 年	2021 年
武汉市	$x8>x1>x3$	$x8>x1>x6$	$x8>x1>x6$	$x8>x1>x6$
房县	$x8>x1>x6$	$x8>x1>x6$	$x8>x1>x6$	$x8>x1>x6$

续表

	2012 年	2015 年	2018 年	2021 年
襄阳市区	$x8>x1>x6$	$x8>x1>x6$	$x8>x1>x6$	$x8>x1>x6$
南漳县	$x8>x1>x6$	$x8>x1>x6$	$x8>x1>x6$	$x8>x1>x6$
谷城县	$x8>x1>x6$	$x8>x1>x6$	$x8>x1>x6$	$x8>x1>x6$
保康县	$x8>x1>x6$	$x8>x1>x6$	$x8>x1>x6$	$x8>x1>x6$
老河口市	$x8>x1>x6$	$x8>x1>x6$	$x8>x1>x6$	$x8>x1>x6$
枣阳市	$x8>x1>x6$	$x8>x1>x6$	$x8>x1>x6$	$x8>x1>x6$
宜城市	$x8>x1>x6$	$x8>x1>x6$	$x8>x1>x6$	$x8>x1>x6$
荆门市区	$x8>x1>x6$	$x8>x1>x6$	$x8>x1>x6$	$x8>x1>x6$
沙洋县	$x8>x1>x6$	$x8>x1>x6$	$x8>x1>x6$	$x8>x1>x6$
钟祥市	$x8>x1>x6$	$x8>x1>x6$	$x8>x1>x6$	$x8>x1>x6$
京山市	$x8>x1>x6$	$x8>x1>x6$	$x8>x1>x6$	$x8>x1>x6$
应城市	$x8>x1>x6$	$x8>x1>x6$	$x8>x1>x6$	$x8>x1>x6$
汉川市	$x8>x1>x6$	$x8>x1>x6$	$x8>x1>x6$	$x8>x1>x6$
仙桃市	$x8>x1>x6$	$x8>x1>x6$	$x8>x1>x6$	$x8>x1>x6$
潜江市	$x8>x1>x6$	$x8>x1>x6$	$x8>x1>x6$	$x8>x1>x6$
天门市	$x8>x1>x6$	$x8>x1>x6$	$x8>x1>x6$	$x8>x1>x6$
神农架林区	$x8>x1>x6$	$x8>x1>x6$	$x8>x1>x6$	$x8>x1>x6$

表 11.3.2 19 县市区粮食生产能力指标层主要障碍因子排序

	2012 年	2015 年	2018 年	2021 年
武汉市	$x3>x1>x9$	$x3>x1>x8$	$x3>x1>x8$	$x3>x8>x1$
房县	$x3>x8>x4$	$x3>x5>x8$	$x3>x5>x8$	$x3>x5>x8$
襄阳市区	$x5>x3>x4$	$x5>x3>x4$	$x5>x3>x4$	$x3>x5>x4$
南漳县	$x3>x5>x4$	$x3>x5>x4$	$x3>x5>x8$	$x3>x5>x8$
谷城县	$x3>x5>x4$	$x3>x5>x4$	$x3>x5>x4$	$x3>x5>x4$

续表

	2012 年	2015 年	2018 年	2021 年
保康县	$x3>x5>x8$	$x3>x5>x8$	$x3>x5>x8$	$x3>x5>x8$
老河口市	$x3>x5>x8$	$x3>x5>x8$	$x3>x5>x8$	$x3>x5>x8$
枣阳市	$x5>x4>x6$	$x5>x6>x4$	$x5>x6>x4$	$x5>x6>x4$
宜城市	$x3>x5>x4$	$x3>x5>x4$	$x3>x5>x8$	$x3>x5>x8$
荆门市区	$x3>x5>x8$	$x3>x5>x8$	$x3>x5>x8$	$x3>x5>x8$
沙洋县	$x3>x5>x4$	$x3>x5>x4$	$x3>x5>x4$	$x3>x5>x4$
钟祥市	$x3>x5>x2$	$x3>x5>x8$	$x3>x5>x8$	$x3>x5>x8$
京山市	$x3>x5>x4$	$x3>x5>x4$	$x3>x5>x8$	$x3>x5>x8$
应城市	$x3>x5>x4$	$x3>x5>x4$	$x3>x5>x4$	$x3>x5>x4$
汉川市	$x3>x5>x4$	$x3>x5>x4$	$x3>x5>x4$	$x3>x5>x4$
仙桃市	$x3>x5>x8$	$x3>x5>x8$	$x3>x5>x8$	$x3>x5>x8$
潜江市	$x3>x5>x4$	$x3>x5>x8$	$x3>x5>x8$	$x3>x5>x8$
天门市	$x3>x5>x8$	$x3>x5>x8$	$x3>x5>x8$	$x3>x5>x8$
神农架林区	$x3>x5>x8$	$x3>x5>x8$	$x3>x5>x8$	$x3>x5>x8$

11.4　本章小结

　　本章以农业用水安全与粮食生产能力作为逻辑主线，通过构建多指标复合评价体系，探究调水前后汉江流域中下游地区农业用水安全与粮食生产能力间的耦合协调发展关系，并利用障碍度模型识别出主要障碍因子。主要结论如下：①农业用水安全指数滞后于粮食生产能力指数。当前汉江流域中下游地区粮食生产能力呈现不断提升趋势，但农业用水安全等级却较低，可能成为未来阻碍粮食高质高效生产的隐患。②农业用水安全与粮食生产能力的耦合协调度存在显著时空分异特征。依据时间序列来看，汉江流域中下游农业用水安全与粮食生产能力的耦合协调度表现为稳定增长态势，两者之间的关系日趋紧密。在空间演化上，各县市间存在比较明显的差异，其中武汉市、枣阳市和襄阳市区二者耦合协调关系处于较优状态，房县、谷城县、保康县和神农架林区二者耦合协调关系处于较差状态。③为实现二者的协调发展,通过障碍度模型来识别农业用水安全与粮食生产能力指标层的主要障碍因子,农业用水安全评价体系中水利建设支出、农业水资源量和旱涝保收面积 3 项指标是由大至小最主要的障碍因子,粮食生产能力评价体系中作物种植结构、农业从业人员和粮食总产量 3 项指标是由大至小最主要的障碍因子。

第十二章　提升中线调水背景下汉江流域中下游水粮协同安全的对策建议

受中线调水工程的影响,汉江流域中下游地区未来在极端枯水年可能会面临农业灌溉用水短缺的风险,特定的地理和气候条件也使得汉江流域中下游内区域性、阶段性旱涝灾害明显,农业用水安全能否保障本区粮食生产供应面临严峻挑战。同时,汉江流域中下游作为国家重要的产粮区,粮食生产压力大,为保障充足的粮食供应,通过调整作物种植结构、增加化肥使用、投入更多灌溉水资源、改进生产技术水平等方式提高单位面积粮食产量,使得粮食生产能力得到有效提升。2010 年,汉江流域中下游农业用水安全系统综合评价指数为0.204,粮食生产能力系统综合评价指数为 0.295;2021 年农业用水安全系统综合评价指数为 0.221,粮食生产能力系统综合评价指数为 0.324,两系统间的发展差距导致实现水粮协同安全目标仍存在阻碍。基于汉江流域目前粮食生产和资源约束情况,在经济发展转轨的关键时期,如何在保障南水北调后续高质量发展的要求下,通过科学的路径选择合理的保障机制来应对和解决当前及未来可能存在的农业用水与粮食生产问题,发挥农业用水安全对粮食生产的保障作用,稳定区域粮食生产能力是亟待解决的关键问题。

12.1　调水背景下提升农业用水安全保障能力的对策建议

当前,汉江流域中下游农业用水安全系统综合指数滞后于粮食生产能力系统综合指数,在中线调水背景下提升农业用水对粮食生产的保障能力,使得农业用水安全服务于粮食生产能力的提高,是汉江流域中下游实现水粮协同发展的重要一步。汉江流域中下游农业用水安全系统由供水安全、灾害防治、设施保障三方面构成。首先需考虑的是农业供水安全,对外调水与本区需水的双重压力下,农业灌溉供水在极端枯水年面临水量不足的风险,当有限的水资源已经成为区域农业可持续发展的制约因素时,就会出现用水部门与作物内部的争水问题,农户在选择种植作物时会在效益和用水上进行博弈,确保稳定的水源供给是提高农作物产量和抵御干旱等自然灾害的重要手段;其次是水旱灾害防治,湖北省粮食作物种植具有较强的季节性,如冬小麦需水量大的生育期恰好是降水匮乏之时,对灌溉水依赖度高,水稻需水量大的生育期则是水旱灾害最频发的季节,提高旱涝保收面积、加强灾害预警防治、调整作物种植结构是解决此问题的关键;最后是农田水利基础设施建设,汉江流域中下游地区内部各县市区水资源禀赋不同,水利设施供给能力存在差异,导致农业用水安全保障能力具有典型的地域差异性,江汉平原相比于研究区内西北、西南部地区具有优势,水利工程可以在洪水季节蓄洪、排涝,为干旱季节提供灌溉水源,减轻自然灾害对农业生产的影响,进而提升农作物的产量和品质。

12.1.1 合理分配水资源,保障农业用水需求

天然水资源的时空分布是一种水资源的原始分配,当农业用水安全无法匹配当地粮食生产能力时,水粮匹配错位就成了农业现代化面临的重要制约因素,需要对水资源进行合理分配,以满足农业生产对水资源的需求。南水北调中线工程作为我国国家水网工程建设的重要一环,对实现水资源南北调配、东西互济的配置格局具有决定性作用,但向外调水的首要前提是保证取水区及受影响区内生产生活用水的正常供应。年度调度水量应根据气象预报信息及时进行动态调整,做好顶层设计,在保障水源区及中下游用水的前提下,再向外提供水源。受政策性因素和效益性因素的影响,农业用水在部门用水优先次序排列中始终处于劣势地位,生活、生产用水挤占农业灌溉用水,粮食生产水资源要素出现非农化现象,应进一步明确农业灌溉对农民增收、粮食安全、农业增长和国民经济可持续发展的战略地位和作用,继续完善和制定近期、中期和长期农业灌溉发展规划和节水灌溉规划。从国家与省区市政策层面上确保农业灌溉用水安全的延续性和长效性,加强计划用水和需求管理,在本区农业发展规划的基础上保障农业水资源供给。

农业水循环供给环节,以增加农业可利用水资源量为目标,按照主要依靠当地水、科学利用雨洪水、高效利用汉江水、积极引用长江水、合理使用非常规水的思路,增加粮食生产可利用水资源量。从四个层面着手实现开源:一是加强径流性水资源的利用,充分利用降水资源,综合区域内和区域间的降水特点,统筹优化水利工程设施建设,加强农田水利设施建设,通过对降水在时空上的调配,增加径流性水资源的利用,统筹考虑流域整体防洪安全和经济社会发展的空间需求,选取武湖、涨渡湖、白潭湖等城区附近的蓄滞洪区作为试点,探索

城市附近蓄滞洪区与城市融合建设的新模式,以提高蓄滞洪区运用效率来置换社会发展空间资源;在汉江流域中下游江汉平原地区重点实施新建平原水库工程,科学开发雨洪资源,将地表水转换为水库水,增加区域供水能力。二是完善南水北调中线后续补偿工程的保障能力,通过引江济汉、引江补汉工程统筹解决汉江流域中下游 19 县市区的用水问题,利用水源调蓄工程、水库及蓄滞洪区建设、工程日常管理维养等手段,提升南水北调中线配套工程供水能力,全面提升汉江流域中下游抗御旱涝灾害的能力,提高中线输水效率。三是加强降水非径流性水资源的转化与利用,主要是在土壤水资源上下功夫。土壤水资源是粮食生长最直接的水源,采用增加土地覆被,减少田间径流生成,实施非充分灌溉制度通过调整土壤非饱和带库容,促进降水入渗蓄存,达到涵养土壤水源的目的[①]。尤其是针对粮食生产大县,通过农艺措施蓄水保墒,对节约粮食生产水资源具有重要作用。四是鼓励非常规水源利用,结合农业用水对水质要求相对较低的特点,重视工业、生活废水经处理后的再生水资源的利用,并将非常规水资源纳入区域水资源统一配置,这是解决农业水资源不足的另一重要手段。

12.1.2　健全预警系统,提升灾害防治能力

在全球变暖背景下极端天气事件频发,应对干旱、洪涝等极端气候的负面影响,成为农业用水安全系统的重要方面。通过建立灵活的水资源管理体系和应急响应机制,减轻气候变化对粮食生产造成的负面影响,在洪涝、干旱等紧急情况下建立快速响应机制,确保在特殊情况下农业用水需求得到基本满足。加强作物灌溉抗旱水源建设,灌溉系统建设要考虑特殊情况下的需要,加强不同水源和供水系统之间的沟通连接,注重构建便于进行联合调配的供水网络系统保障特殊情况下的应急供水需要。要加强平时对地下水及地表水战略水源以及备用水源和应急水源的涵养、保护。制定农业大旱情况应急灌溉管理措施和灌溉用水调度配置预案以及重要水库与供水工程应急供水调度预案,通过人工增雨、适当超采地下水和开采深层承压水、利用供水工程在紧急情况下保障粮食作物在关键生育周期内有效灌溉。

12.1.3　加强农田水利建设,织密高效农业水网

在本书十一章中,对农业用水安全系统中主要障碍因子进行识别,发现水

---

① 赵伟霞,李久生,杨汝苗,等.基于土壤水分空间变异的变量灌溉作物产量及节水效果[J].农业工程学报,2017,33(2):1-7.

利建设支出是影响农业用水安全系统的最主要因素之一。水利基础设施建设是缓解地域性因素对农业水资源配置限制的关键途径,以政府为主导、吸引社会资金投入,形成"政府主导、部门协作、社会支持、农户参与"的多元化水利投资机制。大力实施耕地灌区化、灌区节水化、节水长效化为重点的农田水利设施建设,持续推进小型农田水利设施建设,推广渠系节水、低压管道节水以及喷灌和微灌措施,提升灌溉用水利用效率,并继续以小型农田水利项目县建设为依托,建设旱涝保收高标准农田,逐步实现耕地灌区化、灌区节水化、节水长效化。同时,通过农田水利基础设施建设带动农艺节水水平,鼓励各地扶持新型经营主体参与高效节水示范区建设,积极推进节水农业和水肥一体化建设,以土地流转为前提,建设节水、节肥、节药、节地、增产、增收、增效于一体的高效节水示范区。制定农作物高效节水标准和规程,推广耕作保墒、覆盖保墒、水肥耦合和垄作节水技术,通过地表耕作与地面农膜和生物覆盖的途径,减少地面渗漏,最大限度地接纳、保存雨水,实现节约用水,增产增效。

农业水网是指为满足农业生产活动中灌溉、排水等需求而建设的水利工程体系,包括但不限于灌溉渠道、排水沟、水库、泵站及水井等设施。这一网络通过人工设计和建设,旨在有效地收集、存储、输送和合理分配水资源,以确保农田得到充足而适时的水分供应,同时处理农业产生的多余水分,防止洪涝灾害。农业水网是现代农业体系的重要组成部分,对提高农业生产力、保证粮食安全和促进农村经济发展具有重要意义。通过不断的优化与现代化改造,农业水网还能集成智能监控、高效节水技术和生态环保措施,以适应气候变化和水资源日益紧张的挑战。农业水网应纳入国家水网建设规划中,研究制定国家水网框架下系统畅通的农业水网格局。农业水网是国家水网的"毛细血管"和重要组成部分,而灌区灌溉渠(管)网则是农业水网的主要载体,将农业水网纳入国家水网规划建设有利于全国各省市、各地区的灌区现代化改造、高标准农田建设和山水林田湖草沙系统治理的有序稳步推进,避免重复投入和低效建设。

12.1.4 激励引导并重,鼓励农户参与节水行动

实施最严格的水资源管理制度,包括农业灌溉用水量的控制和定额管理,以及建立和完善农业水价形成机制,通过经济杠杆促进节水,通过财政补贴、税收优惠等政策工具,支持节水灌溉设备的购置和节水技术的应用,鼓励农业企业与农户采用节水措施。同时,加强对农业节约用水的政策支持和宣传引导,建立节约用水激励机制,将采用节水技术和节水设备纳入政府补偿范围。鼓励

农民参与用水权、水价、水量的分配、管理和监督全过程,由政府统一回购节余的水权指标,用于城市用水、工业用水和生态建设,也可由农民用于扩大灌溉、种植面积,增加自身的收入水平。加强农民素质和科技知识的职业培训,推进农业适度规模化经营,加强水利基础设施建设,提高灌溉的规模化和标准化水平,提升农民节水意识和采用节水新技术的能力。通过引入市场机制,采取技术扶持、政策优惠等措施,增进对政府政策的认同感,实现主动节水、积极节水,将节水贯穿于粮食生产全过程。

12.2 水资源约束下稳定粮食生产能力的对策建议

针对不同地市的自然、社会和经济特征,以农业用水安全保障能力为基础,分区域制定粮食生产规划、稳定粮食生产能力。在本书第十一章中,对汉江流域中下游19县市区农业用水安全和粮食生产能力进行了耦合协调分析,水粮匹配度高的区域,主要包括武汉市、枣阳市和襄阳市区,该区域的水资源禀赋好,对粮食生产具有较强的保障能力,但是该区域经济社会发展水平较高,工业用水和城镇生活用水对农业用水挤占严重,农业用水安全相较于粮食生产能力仍处于滞后水平。应在节流上下功夫:一是进行水资源控制管理,实行最严格的水资源管理制度,对农业用水实现超标准加价方式,促进节水。二是提高水资源利用效率,重点突出喷微灌技术的推广应用,积极推广水肥耦合技术,实行自动化灌溉,发展标准化节水设施,扩大喷微灌和节水技术的推广转化。另外,加大非常规水开发使用力度,缓解对农业用水的挤占。

针对水粮匹配度一般的区域,主要包括南漳县、老河口市、宜城市、荆门市区、沙洋县、钟祥市、京山市、应城市、汉川市、仙桃市、潜江市、天门市,这是湖北省主要的粮食主产区,农业用水需求量大,但水资源禀赋特征一般,存在"粮多水少"的典型特征。该区域对汉江水资源的依赖度非常高,应重视极端枯水年份下调水对农业用水的影响。应在开源节流上下功夫:一是加强水利基础设施建设,增强蓄水积水能力,实现年际年内水资源的平衡利用,逐步减少对地下水的超采,缓解由此引起的日益恶化的生态环境问题。二是井灌区全面推广喷微灌、管道输水灌溉,渠灌区以发展渠道防渗为主,适宜地区逐步发展井渠双灌,加强降水、地表水、地下水和土壤水的联合调度与高效利用。三是大力发展高标准粮田,并配套高水平的水利设施,通过农艺节水、品种节水和农用水超标加价等方式,提高粮食用水配置水平。四是实施严格的水资源管理制度,采用政策激励和制度因素促进农户节约用水。

针对水粮匹配度较低的区域,主要指房县、神农架林区、保康县和谷城县,这些地区以山地地形为主,农业发展在一定程度上受到地形条件的限制,农业生产适宜空间呈现出明显的零碎、分散特征,并沿主要河谷呈带状分布。从地形地貌与耕作条件来看,整个林区范围内不适宜开展规模化的农业种植;从耕层质地与土壤构成情况来看,传统粮食作物生产难以成为林区农业产业构成的主体,应在保障基本耕地红线的基础上突出林地的资源优势,抓住水和林两个最大资源。应在涵养水源、保持水土上下功夫,以保护水资源、防治水污染、改善水环境、修复水生态为重点,因地制宜将"绿色资源"转化为"绿色财富"。

12.2.1 坚持以水定产,优化作物结构布局

坚持以水定产原则,科学优化作物种植结构与区域布局,实现水资源高效利用与农业可持续发展,通过灌溉制度调整实现水资源约束条件下作物布局最优。灌溉制度是指某作物在一定的气候、土壤等自然条件和一定的农业技术措施下,为了获得较高而稳定的产量及节约用水,所制定的一整套农田灌溉的制度,包括灌水定额、灌溉定额、灌水时间及灌水次数四项内容。基于作物高效用水生理调控与非充分灌溉理论,对作物进行调亏灌溉,建立有限灌溉制度,可以明显提高作物和果树的水分利用效率和品质,并运用信息化和自动控制等现代技术调控节水,研发推广智能灌溉系统,根据田间持水量、土壤湿度、不同作物不同生育期的根层深度,确定合理的灌溉定额,实施精准农业,从而挖掘粮食产业内部的节水潜力。在农田尺度上,改进田间灌溉技术,通过设计科学的灌溉制度和作物水肥一体化,提高灌水施肥的均匀性,减少田间耗水量和灌水量,提高作物产量和田间用水效率;在区域尺度上,合理配置水资源,减少水的无效损失,实现作物耗水时空格局优化,提高水的效能,用最少的水产出更多的农产品。通过技术和制度创新,实现农业用水效率的全链条调控、多过程耦合和多要素协同提升。

调整产业内部种植结构是促进节水的重要途径,应针对区域的水资源条件,合理调整农业生产布局、粮食种植结构,使种植品种适应当地水资源供给能力。在水资源短缺地区严格限制种植高耗水农作物,鼓励种植耗水少、附加值高的农作物。在不触及耕地红线的基础上合理调整作物种植比例及规模,促进水资源更好地保障粮食生产,缓解水资源短缺的压力,并满足人民日益增长的粮食需求。高效节水农业是未来农业的发展方向,它是在一定的区域产量或效益目标下,在空间和时间上设计作物种植和耗水过程,使区域作物耗水最小,最

大限度地提高水生产力和水生产效益；或者在农业用水、净耗水、单位粮食产量净耗水和灌溉水利用率的控制下，通过区域作物种植和耗水时空格局优化，达到区域产量与水效率和效益最大化，实现不浪费一滴水、让每一滴水生产更多粮食与农产品的愿景。

12.2.2　筑牢生产根基，落实"藏粮于地"方针

深化实施"藏粮于地"政策，是提升粮食生产能力、确保粮食长期安全的关键举措。这不仅仅是对土地的简单保护，而是要通过一系列科学管理和技术创新，将每一寸耕地转化为高产稳产的"绿色粮仓"。首要任务是实施耕地质量保护与提升工程，通过轮作休耕、有机质补充、减少化学肥料与农药的过量使用，恢复和提升土壤肥力，构建健康的土壤生态系统。同时，加强农业机械化和智能化装备的应用，如智能灌溉系统、无人机植保等，提高农业生产效率与管理水平，减轻人力负担，使得农业生产更加精准高效。进一步而言，"藏粮于地"还意味着优化农业结构布局，根据各地自然条件和资源禀赋，合理调整种植结构，发展节水农业、生态农业，以及在适宜地区推广耐旱、耐盐碱作物种植，充分利用边际土地资源，拓宽粮食生产的可能性边界。此外，加强农业技术服务体系建设，为农户提供全面的技术指导和服务，提升农民的科技应用能力和市场应对能力，确保先进技术能够迅速转化为实际生产力。最后，注重农业生态系统的保护与修复，促进生物多样性，维持农田生态平衡，实现粮食生产的可持续发展。落实"藏粮于地"方针，需要政策引导、科技创新、资金投入和全社会的共同参与，旨在构建一个高效、可持续、环境友好的现代农业体系，为汉江流域中下游粮食生产能力提升保驾护航，为本地区粮食安全保障奠定坚实基础。

12.2.3　夯实科技支撑，实施"藏粮于技"战略

实施"藏粮于技"战略，大力推广耐旱节水高产作物品种和垄作节水、培肥地力、种子包衣等抗旱栽培技术，变对抗性种植为适应性种植，制定农作物高效节水标准和规程，对品种选择、生产技术和田间管理进行规范，实施水肥一体化生产，建立以肥、水、作物产量为核心的耦合技术，以肥调水、以水促肥，充分发挥水肥的协同效益，提高作物抗旱能力和水分利用效率，在节约用水的同时，保障粮食产量。在水资源严重紧缺条件下，要保障国家食物安全用水，必须"藏水于技"，通过科技创新和技术进步，减少单位食物生产的净耗水

和灌溉用水,走技术进步替代灌溉用水增加之路。"藏水于技"就是要通过对农业高效用水核心关键技术与重大关键产品和绿色高效用水模式的突破,大幅度提高灌溉水利用率和水的生产效率,在农业发展过程中少增加或不增加甚至减少用水的条件下,获得粮食或其他农产品产量与质量的大幅度增加。同时,通过区域水土资源的优化配置和作物种植结构、种植制度的调整,合理布局农业生产,更好地挖掘当地水资源的效率和效益,缓解我国"北粮南运"与南水北调的水粮逆向流动格局。

12.2.4 严格定额管理,提高作物节水潜力

紧紧围绕粮食增产、农民增收、农业增效,提高水资源的集约、高效利用水平。要优化农业生产布局与种植业、养殖业结构,因地制宜合理调整作物种植比例,建立与水资源条件相适应的节水高效农作制度。按照水资源高效利用的要求,各地区要科学合理地制定不同作物灌溉用水定额,实行严格的灌溉用水定额管理,明确用水效率控制性指标。以提高灌溉水利用率为核心,加大农田水利基础设施建设的力度,加快对现有大中型灌区续建配套和节水改造,建设高效输配水工程等农业节水基础设施,加强旱作节水农业建设,加快推广和普及优化配水、田间灌水、生物节水与农艺节水等先进农业节水技术(图12.2.1)。

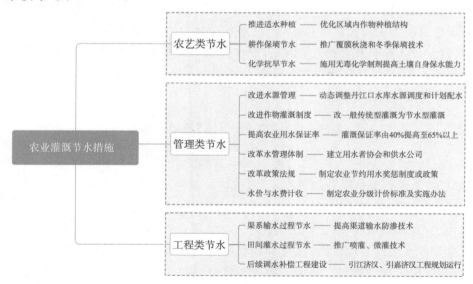

图 12.2.1 农业灌溉用水的有效节水措施

加强作物抗旱节水生理机制研究,通过对水—土—植物关系、干旱条件下植物根信号传输和气孔反应的机制、干旱胁迫锻炼对植物超补偿功能的刺激等问题的研究,提出作物高效用水生理调控指标体系、作物非充分灌溉下的需水指标体系和灌溉制度、作物调亏灌溉的指标体系,建立作物水分信号采集与缺水敏感指标测定和作物精量控制灌溉方法等,实现农业节水原理与技术的创新。具体包括在单株水平上发掘作物抗旱基因与培育抗旱节水型新品种,增加作物叶片光合速率,减少叶片气孔蒸腾,提高水分生产率。

12.3　本章小结

为实现中线调水背景下汉江流域中下游地区水粮协同发展,分别从农业用水安全与粮食生产能力系统入手,通过系统中主要障碍因子的优化,促进两者耦合协调关系的提升。

不同区域应关注的侧重点稍有差异,水粮匹配度高的东南部地区受经济发展的影响重点在节流上下功夫;水粮匹配度一般的中部和北部地区应在开源和节流上双管齐下,缓解水资源短缺对粮食生产的约束作用和对环境的影响;水粮匹配度较低的西北部地区在不触及耕地红线的基础上,以涵养水源为主要任务,因地制宜发展特色农业。为保障粮食生产水资源需求,需对粮食生产水资源要素产业间、产业内配置进行协调,制定本区农业发展战略规划、保障农业用水安全,配套以提高粮食生产效益、健全水价体系、建立节水型粮食生产结构、研发推广抗旱节水品种技术、挖掘作物自身节水潜力和建立有限灌溉制度等相关举措,实现汉江流域中下游农业用水安全与粮食生产能力协调向好发展。

附图

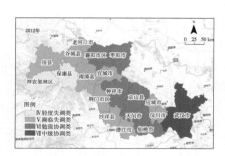

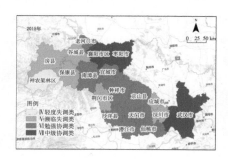

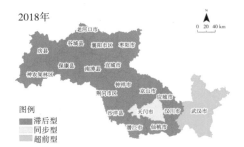

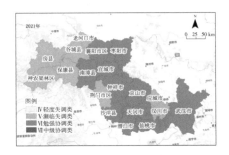

图 1